動物看護師のための
麻酔超入門

はじめの一歩

改訂版

佐野忠士 著

EDUWARD Press

・本書は2007年4月より2009年3月まで小社刊「as」誌上に連載されたものを再構成し、一部加筆・修正したものです。
・本書に記載されている薬品・器具・機材を使用する際は、添付文書（能書）あるいは製品説明書を確認してください。また、実際の症例に用いる際は、各獣医師による指導の下で行ってください。

編集部

改訂版の発刊にあたって

　「動物看護師のための麻酔超入門　はじめの一歩」の改訂は誰に言われたものでもなく、筆者自身のかねてからの強い要望で実現したものです。as BOOKSとして、そして「動物看護師のための」と称した麻酔の入門書として作成した改訂前のものを作成した当時は、十分な情報そして十分な想いを詰め込んで発刊に至りましたので、その後も充実した気持ちで年を重ねていきました。しかし、やはり獣医療における時の流れは早く、当時「十分」と感じていたものであっても「物足りない。もう少し内容を付け加えなくては……」という強い想いが時間の経過とともに募り続け、その気持ちに勝てず、本書出版までの過程が始まりました。ゼロからつくり出した前回とは異なり、「改訂」なのでスムーズに行くだろう……と正直、高をくくっていたのですが、「産みの苦しみ」とは良く言ったもので、このかたちに仕上がるまでには本当に苦しい時間の連続でした。

　これまでの超入門という基本のスタンスは崩さずに、はじめの一歩をさらに新しい一歩とすることができ、以前のものをお持ちの方にも、新たに手に取っていただいた方にも必ず満足していただけるような内容に仕上げることができたのではないかな？と筆者自身は感じています。こうして「満足」して完成を迎えた本書も、さらに数年後には新たな想いにかられ、新たな情報発信の責任を感じ、次版制作への想いが再燃するかもしれません。その時まで本書が、皆様方の手元で活躍していることを心より願っております。

　本書改訂にあたりましては、多くの方の協力をいただきながら何とか完成にこぎつけることができました。最新情報の掲載に向けて、麻酔回路の説明や麻酔モニター画面から分かる客観的評価項目の説明に際しましてはアコマ医科工業株式会社様、フクダエム・イー工業株式会社様に写真等多くの資料をご提供いただき大変感謝しております。また、編集段階では、株式会社インターズー（現エデュワードプレス）編集部の高橋真規子さんには本当にご迷惑、ご心配をおかけしましたことを、この場を借りましてお詫びするとともに心より感謝の気持ちを伝えたいと思います。

2015年2月吉日

佐野忠士

CONTENTS

改訂版の発刊にあたって……………………………………………………………………… 3

第1章　麻酔について知ろう！ …………………………………………… 7

❶ 麻酔の歴史………………………………………………………………… 8
なぜ「歴史」を知る必要があるの？………………………………………… 8
世界で初めて行われた麻酔って？…………………………………………… 8
わが国で初めて行われた麻酔とは？………………………………………… 9
獣医学領域での麻酔発展の歴史とは？……………………………………… 10
麻酔っていったい何？………………………………………………………… 11

❷ 麻酔って何？……………………………………………………………… 12
麻酔の状態とは？……………………………………………………………… 12
なぜ麻酔が必要なの？………………………………………………………… 12
安全な麻酔のために必要なものって何？…………………………………… 14

❸ 麻酔の種類………………………………………………………………… 15
大きな二つの分類法──全身麻酔と局所麻酔……………………………… 15
麻酔方法はどうやって決めるの？…………………………………………… 17
麻酔でいちばん大切なものって何？………………………………………… 17

❹ 麻酔薬の作用は？　代謝・排泄・覚醒のしくみは？………………… 19
麻酔薬はどうやって作用するの？…………………………………………… 19
麻酔からどうやって覚めるの？……………………………………………… 21

第2章　麻酔の流れを学ぼう！ …………………………………………… 25

❶ 麻酔器の構造と管理……………………………………………………… 26
一般的な麻酔の流れとは……………………………………………………… 26
一般的な麻酔器の構造を理解しよう！……………………………………… 27
ガスは、麻酔器・回路内でどのように流れている？……………………… 28
実際に麻酔器を点検してみよう……………………………………………… 30

❷ 麻酔前の動物の評価……………………………………………………… 32
動物に麻酔をかけたい！　でもその前に…………………………………… 32
麻酔前に動物を評価する目的は？…………………………………………… 32
麻酔前の問診のポイントは？………………………………………………… 33
麻酔前の動物の身体検査……………………………………………………… 33
麻酔前に行うプラスαの補助検査…………………………………………… 35
麻酔前の動物の総合評価……………………………………………………… 36

❸ 麻酔前投与薬……………………………………………………………… 37
麻酔前投与薬って？…………………………………………………………… 37
どうして麻酔前投与薬の投与を行うの？…………………………………… 40

❹ 麻酔導入…………………………………………………………………… 42
麻酔導入って？………………………………………………………………… 42
麻酔導入の方法にはどんなものがある？…………………………………… 42
麻酔導入に必要なものとは？………………………………………………… 44
麻酔導入のタイミングは？…………………………………………………… 46

麻酔導入前になぜ酸素をかがせるの？ ……………………………………………………… 46
　　　効果的な酸素のかがせ方は？ …………………………………………………………… 47
　　　代表的な麻酔導入薬 ……………………………………………………………………… 48
　　　気管内挿管の補助のポイントは？ ……………………………………………………… 50

第3章　安全な麻酔維持のために …………………………………………………… 53

❶ モニタリングの目的 ……………………………………………………………… 54
　　　麻酔維持のイメージ ……………………………………………………………………… 54
　　　「安全な麻酔維持」確保のために必要なことは？ …………………………………… 54
　　　麻酔中のモニタリングの目的とみるべきポイント …………………………………… 56

❷ 麻酔モニターの実際① …………………………………………………………… 57
　　　五感を使った麻酔モニター ……………………………………………………………… 57
　　　麻酔モニター画面から分かる客観的評価項目 ………………………………………… 60

❸ 麻酔モニターの実際② …………………………………………………………… 62
　　　自発呼吸と人工呼吸の違い ……………………………………………………………… 62
　　　気道のモニター …………………………………………………………………………… 62
　　　酸素化のモニター ………………………………………………………………………… 65
　　　全身の血液循環 …………………………………………………………………………… 68
　　　きちんと血液が送り出せているか？ …………………………………………………… 69
　　　きちんと末梢（全身）に到達しているか？ …………………………………………… 70
　　　循環のモニターにおける「正常」と「異常」 ………………………………………… 72

❹ そのほかの麻酔モニター ………………………………………………………… 76
　　　そのほかの循環のモニター ……………………………………………………………… 76
　　　重要臓器への血流の評価 ………………………………………………………………… 76
　　　加えるべき客観的評価が可能な循環モニター：尿量評価 …………………………… 77
　　　体温のモニター …………………………………………………………………………… 79

第4章　麻酔からの覚醒 ……………………………………………………………… 85

❶ 準備と手順 ………………………………………………………………………… 86
　　　麻酔覚醒とは？ …………………………………………………………………………… 86
　　　麻酔を終わらせるための準備と手順 …………………………………………………… 86

❷ そのほかの処置と術後管理 ……………………………………………………… 91
　　　麻酔覚醒のときに行うべき「補足的」なこと ………………………………………… 91
　　　麻酔覚醒後の看護動物管理は？ ………………………………………………………… 94

❸ 疼痛管理　～「痛くない手術」を行うために～ ……………………………… 97
　　　鎮痛って何？ ……………………………………………………………………………… 97
　　　なぜ鎮痛が必要なの？ …………………………………………………………………… 97
　　　どの手術がどれだけ痛いの？ …………………………………………………………… 98
　　　どうやって痛みを取り除けば良いの？ ………………………………………………… 99
　　　周術期疼痛管理におけるステージごとの鎮痛薬の選択法 ………………………… 101
　　　周術期疼痛管理における手術の種類ごとの鎮痛薬の選択法 ……………………… 103
　　　手術後の動物はどのくらい痛いの？ ………………………………………………… 103

第5章　事例で学ぶ麻酔の実際〈特に注意すべきケース〉……107

❶ 短頭種の犬の麻酔……108
- 短頭種の犬の特徴は？……108
- なぜ短頭種の麻酔は危険なの？……108
- 短頭種の麻酔では何をどう注意すればいいの？……109

❷ 肥満動物の麻酔……113
- 肥満動物の特徴は？……113
- 肥満が身体へ及ぼす影響……114
- 肥満が麻酔薬へ及ぼす影響……116

❸ 心臓に問題がある動物の麻酔……118
- 心臓に問題がある動物の特徴……118
- 心臓に問題がある動物の麻酔における注意点……121

❹ 肝臓に問題がある動物の麻酔……124
- 麻酔管理で「肝臓機能」が重要である理由……124
- 肝臓に問題がある動物に行う麻酔前の検査は？……125
- 肝臓に問題がある動物へ輸液を行う場合の注意点……126
- 肝臓に問題がある動物への麻酔薬選択と管理ポイント……127

❺ 腎臓に問題がある動物の麻酔……130
- 麻酔管理で「腎臓機能」が重要である理由……130
- 腎臓に問題がある動物に行う麻酔前の検査は？……131
- 腎臓に問題がある動物に行う麻酔前処置は？……131
- 腎臓に問題がある動物への麻酔薬選択と管理のポイント……132

❻ 神経に問題がある動物の麻酔……134
- 神経に問題がある動物とは……134
- 頭蓋内圧と血圧、脳血流量、脳灌流圧との関係……134
- 頭蓋内圧に影響を及ぼす重要な「もう一つ」の項目……135
- 神経に問題がある動物の麻酔管理のポイント……136

❼ 若齢動物の麻酔……139
- 何歳までを"若齢"とする？……139
- 「若齢動物」における各臓器機能の特徴……140
- 「若齢動物」の麻酔管理において注意すること……141

❽ 高齢動物の麻酔……144
- 何歳から「高齢」とする？……144
- 「高齢」により認められる体の変化……146
- 「高齢動物」に対する麻酔管理テクニック……147

第6章　特別付録……151

❶ 特別付録①「麻酔記録用紙」……152
❷ 特別付録②「CPRアルゴリズム」……156
❸ 特別付録③「緊急薬の推奨投与量表」……157

CPRアルゴリズム……159
緊急薬の推奨投与量表……160
麻酔記録用紙……巻末

さくいん……161

第1章

麻酔について知ろう！

- ❶麻酔の歴史
- ❷麻酔って何？
- ❸麻酔の種類
- ❹麻酔薬の作用は？
  代謝・排泄・覚醒のしくみは？

1 麻酔の歴史

これから、皆さんと一緒に麻酔の勉強をしていきます。『基本からちょっと応用まで』を広く深く扱ってゆくので、楽しみにしていてください。麻酔嫌いな人には「ちょっと分かったかも」、麻酔好きな人には「もっと分かった！」と思ってもらえるような内容にしたいと思っています。

はじめは「麻酔の歴史」についてです。「麻酔の勉強」と身構えず、歴史の勉強としてや雑学の本を読むような気持ちで気楽に眺めてみてください。

なぜ「歴史」を知る必要があるの？

学問についてのいろいろな本を読むと、多くはまず始めに「〜の歴史」のようなかたちでその分野の「歴史」について書かれていますよね？　僕自身「別に歴史なんて……」と思ったことが正直多いのですが、ここではちょっとまじめに、どうして「ある分野の学問」を勉強するには、まずその「歴史」を学ぶ必要があるのかを考えてみましょう。

学問の歴史を考える上でもっとも参考となる文章が大自然科学史の序文にあります。それは、「**自然の謎を解くにつれて新しい謎にぶつかる。歴史を振り返ったとき初めてさまざまな自然現象の謎に関連性があることに気づく**」という文章です（新訳 ダンネマン大自然科学史（復刻版）安田徳太郎 訳・編、三省堂、2002年）。つまり、これこそが「歴史」を学ぶ意味なのです。

現在の科学・医学はまだまだ未完成なものであり、現在も日進月歩、発展しています。現在、自分たちがやっていること（獣医療や動物看護も）は過去の一つひとつの積み重ねの上に成り立っているものであり、今のその行為・学習自体が歴史の一場面となり、次の世代へと続いていくものなのです。

つまり、**過去を「歴史」というかたちで学ぶことで現在の状況を理解し、さらには未来への方向性を探す**ということが歴史を学ぶ重要性なのです。ということで、ちょっとマニアック？　な内容ですが、麻酔の歴史について楽しく勉強していきましょう！

世界で初めて行われた麻酔って？

大昔から、インド大麻やベラドンナなどいわゆる「薬草」を内服させることにより痛みが消失するという「知恵」は、広く伝承されており、これを用いて手術も行われていました。また、痛みは悪魔の仕業と考えられ、祈祷師やシャーマンによる「悪魔祓い」が麻酔（？）とされることもありました（この「悪魔祓い」＝「麻酔」の考えは現在でも信じられ、実施されている地域があることは驚きです……）。

さらに、17世紀までイタリアでは患者の首を絞めて失神させて手術を行ったり、18世紀のオーストリアやインドでは、現在の催眠術に当たるとされる「暗示法」で患者に暗示をかけて手術が行われていました。

このように、古代の麻酔の内容は今考えると鳥肌が立つようなものであり、手術は患者にとって、今以上に恐ろしい「試練」であったことが容易に想像できると思います。その当時、医師の腕前は患者の苦悶する時間をいかに短くできるかを中心に競われており、手術・麻酔の内容より「すばやい腕前」がもてはやされていたのです。

近代的な麻酔が行われるようになったのは19世紀に入ってからです。19世紀中頃に入り、吸入麻酔を用いて、

外科手術に伴う痛みを安全に、かつ十分に消失させるという画期的な試みが成功しました。このとき用いられた麻酔が**エーテル**で、この後しばらく**クロロホルム**とともに麻酔史に名を残すことになります。

エーテルを用いた全身麻酔は、1842年3月30日にアメリカの外科医Long（Crawford Williamson Long）が世界で初めて行い、友人の首にあった小さな腫瘤の摘出に成功しましたが、1846年10月16日にハーバード大学付属のマサチューセッツ総合病院で公開手術（下顎の血管腫摘出術）による全身麻酔を成功させたMorton（William Thomas Green Morton）のほうが有名です。Mortonによりこの手術が行われた場所は、現在でも「エーテル・ドーム」と名づけられ残されています。もちろんLongの功績も讃えられ、Longが手術を行った場所にはLong博物館が建てられています。

クロロホルムを用いた麻酔は1847年1月19日、イギリス・エジンバラ大学産婦人科教授のSimpson（James Young Simpson）により産科領域で初めて行われ、1853年には麻酔科医Snow（John Snow）がクロロホルムを用いて、ビクトリア女王が王子を出産する際の無痛分娩を成功させました。

産科領域におけるクロロホルムの普及にも裏話があります。その当時は、「お産は神が与えた受難であるため、お産に伴う痛みを取り除くことは神の意思に反する」という意見が一般的でした。つまり、世間一般には産科に伴う痛みを麻酔で取り除くなんて間違っている……と思われていたのです。

そのような流れの中で、Simpsonは旧約聖書の一節「アダムからイブを取り出すとき、神はアダムを深い眠りへと導いた」を引用（図1-1）し、お産に伴う痛みをなくすことは罪ではないとして反論しました。この論争はしばらく続きますが、ビクトリア女王がお産の際の麻酔でクロロホルムを受け入れたことでこの論争には終止符が打たれ、Snowは爵位をもらい、麻酔科の教科書が刊行されました。

このように歴史的に大きな意味を持つクロロホルムですが、激烈な肝障害が発生するため、現在では麻酔薬としては全く用いられていません。

19世紀後半から20世紀にかけては、現在の麻酔の基盤となる仕事が続いた期間です。例えば、現在よく用いられているチオペンタールは1934年にLundyにより臨床応用がされていますし、ケタミンは1966年にCorssenによって、イソフルランは1971年にDobkinにより臨床応用がなされ、現在の普及に至っています。

「神はアダムを深く眠らせると一本の肋骨を取り出しイブを創造し、其所を肉でふさがれた。その間アダムは全く痛みを感じなかった」（原図：旧約聖書・創世記第2章）。

図1-1　旧約聖書の一節

わが国で初めて行われた麻酔とは？

江戸時代後期の1804（文化元）年10月13日、華岡青洲（図1-2）が、通仙散と呼ばれる麻酔薬を用いて全身麻酔を行い、乳がんの手術を成功させたのが、日本での麻酔の幕開けです。この手術は、アメリカで最初の全身麻酔として行われたエーテル麻酔より40年ほど早い時期に行われており、当時、日本が鎖国していたことを考えると非常に驚くべき出来事でした。

このとき用いられた通仙散の主成分は、ともに毒草であり薬草でもある朝鮮アサガオ（マンダラゲ）とトリカブト（附子）でした。朝鮮アサガオはスコポラミンが主成分であり、これには健忘・鎮静・意識混濁作用があります。またトリカブトには鎮痛作用があります。この両者を併用することによって麻酔状態をつくり上げたと想像できます。

しかしそれは、現代の医学・薬理学の知識から、その主成分の薬理作用が明らかになったからこそ理解できるのであり、使用当時の状況を考えると本当に驚くべき出来事といえるでしょう。ちなみに日本麻酔科学会は清洲の偉業を讃え、10月13日を「麻酔の日」として、各地で市民講座などを行っています。麻酔マニアへの第一歩

として、「10月13日は麻酔の日」と覚えておいてみてください。

その後のわが国における麻酔の発展は、世界の流れと大きく変わらず、江戸時代後期には「蘭学」というかたちで麻酔が紹介され、エーテル麻酔やクロロホルム麻酔が行われるようになりました。特にクロロホルム麻酔は広く普及し、昭和の初期までは「麻酔といえばクロロホルム」という流れができていたようです。その後、1956（昭和31）年にハロタン、1959（昭和34）年にメトキシフルラン、1966（昭和41）年にエンフルランが使用されるようになり、1991（平成3）年からはイソフルランとセボフルランが一般的に用いられるようになりました。

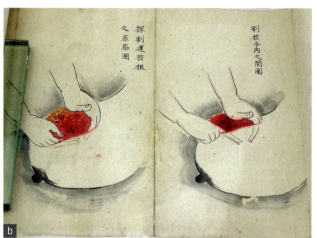

図1-2　華岡青洲の肖像画（a）と乳がん摘出図（b）

（写真提供：財団法人 青洲の里）

獣医学領域での麻酔発展の歴史とは？

獣医学領域においても、ヒト医学領域と同様の理由で麻酔の歴史は積み重ねられていきました。人間の麻酔薬の開発段階では、程度の差はあっても必ず動物実験が行われるため、ヒト医学への臨床応用が開始されるのとほぼ同年代に動物への臨床応用も行われました。つまり、ヒト医学領域における麻酔の歴史と獣医学領域における麻酔の歴史とは、学問（研究）レベルにおいてはほぼ並行して進んできたのです。

獣医学領域における麻酔は、古くは350年にAbsyrtusらがドクゼリの実やケシの実を煎じて、興奮したウマを鎮静させたという報告や、600年にColumellaがヒヨスの実を酒に混ぜてウマの麻酔に使ったという話が残っています。

ヒト医学領域において「近代麻酔」の導火線的役割を果たしたエーテル麻酔は、1847年にウマおよび犬で用いられたという報告があり、1858年にはGeorgeらがブタの帝王切開術に利用したという報告が残っています。同じようにクロロホルムも1847年にウマおよび犬で臨床応用された報告があり、特に大動物（ウシ、ウマなど）の吸入麻酔として高く評価されましたが、人間の場合と同じように副作用や死亡例が多発するとの報告が多く出てくるようになり、麻酔の歴史からは影を潜める結果となりました。

この後しばらく経って、ChangやHudonなど多くの人により、ハロタン麻酔が動物の麻酔法として活発に取り入れられるようになりました。ハロタンはこの後1970年代まで、調節性に富む麻酔法の代表格として獣医学領域で不動の地位を築きました。これに続く近代獣医麻酔の歴史はほぼ人間と同様の流れをたどり、チオペンタールやケタミン、イソフルランなど現在広く用いられている各種麻酔薬の研究・開発・臨床応用が行われました。

おまけの情報ですが、現在獣医学領域での麻酔導入薬・維持薬として広く用いられるようになった**プロポ**

フォール（商品名「マイラン」マイラン製薬株式会社）は、2002年からわが国でも使われるようになった薬です。この麻酔薬をみたら僕のことを思い出してください（理由はp.49でお伝えします……）！

麻酔っていったい何？

ここまで雑学的に麻酔の歴史についてお話ししてきました。ではここで、これから皆さんとお付き合いすることになる「麻酔」についてちょっと考えてみましょう！

細かい内容や区分はそれぞれの項目で説明しますが、まずは概念としての「麻酔」についての確認です。

皆さんいかがですか？　適切な答えが出せましたか？

国語辞典には「薬品を使って知覚を一時的に失わせること」、医学辞書には「神経機能の薬理的抑制または神経機能障害により生じる感覚消失」というように説明されています。つまり、薬を使ってさまざまな神経機能（反射や腕を動かすなど）と寒い・熱い・痛い・痒いなどの感覚を一時的に失わせることが「麻酔」なのです。

では、また質問です。普段、眠っているとき、皆さんは神経機能や感覚はどのようになっていますか？　残っていますか？　消えていますか？　気を失ったときには？　あるいは死んでしまったときには？（皆さん生きているので、この答えは経験としては分からないと思いますが……）。

そうです、この眠っているとき、気を失っているとき、そして死んでしまっているときのいずれにおいても、神経機能や感覚は減弱（もしくは消失）しています！

では、睡眠と麻酔は何が違うのでしょうか？　気を失っている状態と麻酔の状態は？　死んでしまっているときとは何が違うのでしょうか？「何が『麻酔』なのだろう？」とちょっと考えてみてください。次項で詳しくお話しします！

第1章　①麻酔の歴史

麻酔の歴史と雑学

- エーテルやクロロホルム、ハロタンなど薬の名前は、「聞いたことがある」くらいでも良いので、頭の隅に残しておこう。
- さらに「マニア」を目指すのであれば、「10月13日は麻酔の日！」「江戸時代に華岡青洲が、通仙散で乳がん手術を行った」などを記憶しておこう。

麻酔って何？

- 「薬品を使って知覚を一時的に失わせること」、難しくいえば「神経機能の薬理的抑制または神経機能障害により生じる感覚消失」。

2 麻酔って何？

辞書で引いた麻酔の定義は「薬品を使って知覚を一時的に失わせること」「神経機能の薬理的抑制または神経機能障害により生じる感覚消失」でしたね。"麻酔の状態と睡眠の違い""麻酔の状態と気を失っているときの違い""麻酔の状態と死亡との違い"などについて考えてみることができたでしょうか？ 難しい説明は、この先でさせてもらうことにして、まずここでは、概念としての「麻酔」について解説します。

麻酔の状態とは？

麻酔の状態とは「コントロール可能で、可逆的な意識・感覚の消失」のことです。この文章の中の二つのポイントが、麻酔と"睡眠や気を失っている状態""死亡状態"との違いのすべてを説明しています（図1-3）。一つめのポイントは「コントロール可能」という言葉、二つめのポイントは「可逆的」という言葉です。

何度も繰り返すようですが、眠っているときも、気を失っているときも、もちろん死んでしまったときも意識・感覚というものは消失しています。しかし、皆さんの中で、睡眠の深さや気を失っている状態の深さをコントロールできる人はいるでしょうか？ また、睡眠や気を失っている状態は可逆的（もとの状態に戻せる）ですが、死んだ状態からもとの状態へ戻すことができる人はいるでしょうか？

つまり「麻酔」とは、「行う処置や手術の種類に応じて、薬を使ってつくり出した睡眠状態（意識・感覚が消失した状態）の深さを調節することが可能で、しかももとの状態（意識のある覚醒状態）に戻すことができる状態」をつくり出すことをいうのです。ご理解いただけましたか？

図1-3　睡眠状態・死亡状態・麻酔状態の違い

なぜ麻酔が必要なの？

では次に、麻酔を学ぶ上で基本中の基本の質問ですが、「なぜ麻酔が必要なのか？」について考えてみましょう。

自分自身もしくは自分が飼っている動物が、麻酔なしで手術を受けたらどうなると思いますか？ 考えただけでも鳥肌が立ちますが、想像通り、**ものすごい恐怖や痛み**のため「ショック」に陥ってしまいます。

この「ショック」という状態が生命にとっては非常に曲者で、日常的に皆さんが使う「財布落としちゃってショックだな……」だとか「好きなケーキを食べることができなくてショックだった……」などの「ショック」とはわけが違うのです。

手術などに伴う「ショック」とは「突然、内部恒常性の維持ができなくなった状態」のことをいいます。内部恒常性とはいわゆるホメオスタシス（Homeostasis）のことで、難しくいえば「生体の種々の機能や体液、組織の化学的組成についての身体の平衡状態」です。要は「体のさまざまな機能が調子良く働けるように良い状態が保たれていること」と考えてもらえれば良いでしょう。

そしてこの「機能の調子」の良し悪しを示すものが、血圧や心拍数、体温、呼吸状態などのバイタルサイン（生命徴候）です。つまり「ショック状態」とは、「突然に呼吸・循環をはじめとするさまざまなバイタルサインの良好な維持が不可能となった状態」[※1]のことなのです。命の危機的状況であることが想像できますよね。

このようなショック状態を引き起こす、つまり内部恒常性の維持をできなくするもっとも大きな原因が「侵襲」と呼ばれるいわゆる「ストレス」です。精神的な苦痛や環境、病気などいろいろなものがストレスの原因となりますが、中でももっとも重大なものが「肉体的ストレス」です。手術により生じる痛みなどがこれにあたり、専門的には「侵害刺激」と呼ばれます。

生体は侵害刺激を受けると交感神経系[※2]が異常に興奮し、カテコールアミン[※3]が分泌されます。この反応は、生命を守るための生体の自然な調節機構なのですが、この状態が長く続くと内部恒常性が破壊され、ショック状態に陥ることになるのです。

もう少し詳しく解説すると、痛みや恐怖などのストレスにより、交感神経の異常緊張とカテコールアミン上昇が引き起こされます。これにより血管が収縮し、末梢の組織では循環不全が引き起こされます。循環不全が引き起こされた場所には血液からの酸素が行き渡らないため、低酸素による傷害が生じます。この低酸素による傷害が脳や心臓などの重要臓器で起きれば臓器不全になり、最終的には体を構成する多くの臓器が機能不全の状態になる多臓器不全となり、死亡してしまうのです（図1-4）。

このように、麻酔を行わずに手術などを行えば、強いストレスが引き金となり、生態反応の一連の悪い流れが引き起こされ、ショック状態に陥り、最終的には死亡してしまいます。この「悪い流れ」を引き起こさないために痛みを感じさせないようにするという発想が麻酔の概念であり、だから手術や処置のときには「麻酔が必要」なのです。

図1-4　ストレスにより引き起こされる一連の生体反応

※1　ショック
日本救急医学会の定義では、生体に対する侵襲あるいは侵襲に対する生体反応の結果、重要臓器の血流が維持できなくなり、細胞の代謝障害や臓器の障害が起こり、生命の危機に至る急性の症候群のこととされています。近年、循環障害の要因による新しいショックの分類が用いられるようになり、以下の四つに大別されています。
①循環血流量減少性ショック（hypovolemic shock）：出血、脱水、腹膜炎、熱傷など
②血液分布異常性ショック（distributive shock）：アナフィラキシー、脊髄損傷、敗血症など
③心原性ショック（cardiogenic shock）：心筋梗塞、弁膜症、重症不整脈、心筋症、心筋炎など
④心外閉塞・拘束性ショック（obstructive shock）：肺塞栓、心タンポナーデ、緊張性気胸など

※2　交感神経系と副交感神経系
交感神経系と副交感神経系はまとめて自律神経系と呼ばれ、この神経系は血圧や心拍、消化管運動など無意識下の生体機能調節を行う神経系です。交感神経系と副交感神経系はともに内部恒常性の維持に非常に重要で、体の多くの器官はこの両方の支配を受けており、それらはお互いに拮抗的な作用を示します。例えば交感神経刺激は心拍数や血圧を上昇させますが、副交感神経刺激は心拍数減少、血圧低下を引き起こします。

※3　カテコールアミン
ストレス応答の主成分でエピネフリンやノルエピネフリン、ドーパミンがあります。交感神経刺激作用を示し、心拍数上昇や心臓収縮力の増加、血圧の上昇などを生じさせます。

安全な麻酔のために必要なものって何？

だんだんと「麻酔」の大まかな姿がみえてきたでしょうか？　では、ここで麻酔を安全に行うために必要なのは何かについて考えてみましょう。「必要なもの」といっても麻酔器やモニター機器、注射器などそういった"モノ"ではなく、安全な麻酔実現のために必要な"要素"について考えてみます。

麻酔の概念とは「鎮静（意識の消失）と鎮痛（痛みの除去）による有害反射（生体の一連の悪い流れ）の除去」であることを、これまでに説明してきました。

ここでの二つの要素、「鎮静」と「鎮痛」が麻酔の要素の「基本中の基本」とされるものです。最近ではこれに「不動化」（薬物により動物を動けなくすること。筋弛緩）を加えたものを、「麻酔の3要素」として安全な麻酔において必要なものとしています。

最近では、これら3要素を一つの薬物ですべて満たすようにするわけではなく、「鎮静」の要素は鎮静薬（もしくは麻酔薬）が、「鎮痛」の要素は鎮痛薬が、そして「不動化」の要素は筋弛緩薬が担当するようにする「バランス麻酔」の概念が定着してきています。少し難しい考え方ですが、非常に重要な概念ですので、これについては本書内でもう一度解説します（p.40参照）。

そしてさらに、生体組織に酸素を十分に行き渡らせ、二酸化炭素を排泄させるための「気道の確保」「換気」、加えて、この二つを維持するための血液の流れを正しく維持する「循環」の三つを「命を守る3要素」としています。「麻酔の3要素」と「命を守る3要素」を合わせたものを、安全な麻酔実現のために必要な要素としています。つまり「安全な麻酔」とは、〈鎮静・鎮痛・不動化（筋弛緩）〉と〈気道の確保・換気・循環〉がバランスよく保たれている状態（図1-5）のことを指すのです。

ここでの解説は、自律神経の働きなど生理学的な内容やカテコールアミンの作用など薬理的な内容までが含まれ、ちょっと難しかったかと思いますが、麻酔の作用や安全性の確保を理解する上で基本となる部分ですから、頑張って理解しましょう！

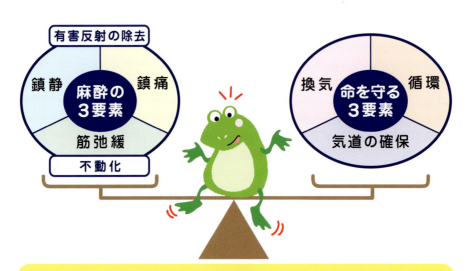

図1-5　「麻酔の3要素」と「命を守る3要素」

ここでのポイント

- 強い痛みなどの肉体的ストレス（侵害刺激）により、内部恒常性の維持が困難になると、手術が原因で「ショック死」をすることがある。
- 手術や痛みを伴う処置の際のストレスによるショック死を避けるために、「鎮痛・鎮静でストレスを除去し、有害反射を起こさせない」という麻酔の基本概念が生まれた。
- 「安全な麻酔」は、〈鎮静・鎮痛・不動化（筋弛緩）〉という「麻酔の3要素」と〈気道の確保・換気・循環〉という「命を守る3要素」を、バランスよく保つことで確保される！

3 麻酔の種類

動物看護学の本、ヒト医学領域の医学書や看護学の本、一般書、漫画（？）、テレビなどで見聞きする「麻酔法」にはさまざまなものがあります。きちんと定義づけられ分類されて用いられている「○○麻酔」という言葉もあれば、あいまいに使われているものもあることと思いますが、ここではその「さまざまな麻酔法」について、定義と分類をきちんと整理していきましょう。

大きな二つの分類法――全身麻酔と局所麻酔

獣医学の分野、ヒト医学の分野のいずれにおいても、麻酔法は**大きく二つ**に分類されます。それは「**全身麻酔**」と「**局所麻酔**」の二つです。各々は主な対象（行われる手術の種類など）、それぞれの利点・欠点をもとにして、さらに細かく分類されています。ではさっそく、「全身麻酔」と「局所麻酔」の違いについて考えてみましょう！

獣医学部の学生さんや動物看護師を目指す学生さんに二つの違いを質問したとき、いちばん多かったのは、「全身麻酔では動物は寝ているけれど、局所麻酔では動物は起きています。これが全身麻酔と局所麻酔の大きな違いです！」という答えでした。見た目として観察できる動物の状態としては、これで一応「正解」なのですが、実際の定義は少し違います。

正確な定義としては、「**薬を中枢神経**[※1]**に作用させて麻酔効果を得る方法が全身麻酔、末梢神経**[※2]**に作用させて効果を得る方法が局所麻酔**」です。

全身麻酔は、中枢神経系である脳に薬物が作用します。多くの全身麻酔薬は脳のGABA（Gamm-Aminobutyric Acid：ガンマアミノ酪酸）受容体に作用[※3]し、クロールイオン（Cl^-）の流入を増大させて「神経系の抑制効果」を生じさせます。この「神経系の抑制効果」がすなわち鎮静効果であり、このため全身麻酔を用いると必ず鎮静効果が生じ、動物は眠くなる（眠ってしまう）のです（表1-1）。

一方、局所麻酔薬は末梢の神経に作用し、そこでナトリウムイオン（Na⁺）とカリウムイオン（K⁺）による刺激伝達を遮断して、感覚を麻痺させます※4。このように、「眠い」という鎮静効果を生じさせる中枢神経系である脳への作用はないため、<u>局所麻酔薬を用いても動物は眠くなりません</u>。局所麻酔というように「麻酔」という言葉が使われていますが、<u>局所麻酔は末梢神経の麻痺、すなわち「鎮痛」が主な作用</u>となります（表1-1）。

　なお動物は、鎮静（sedation）下では、おとなしく周囲に無関心のような状態になります（眠ってはいません）。麻酔（anesthesia）下では、意識と感覚が消失し、人工的に眠っているような状態になります。鎮痛（analgesia）下では、痛みの感覚が消失（減弱）しています。

※3　全身麻酔の作用機序

　中枢神経に存在するGABA受容体に麻酔薬が結合すると、チャネル（受容体の口）が開き、クロールイオン（Cl⁻）が流入します。これにより神経（細胞）の興奮性が低下します。

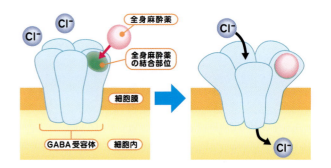

※1・2　中枢神経系と末梢神経系

　体を構成する神経のうち、脳と脊髄を中枢神経系、そこから分枝する感覚神経と自律神経を末梢神経系と呼びます。中枢神経系より感覚や運動の指令が出されて、末梢神経によって伝えられ、臓器などからの刺激が中枢神経系へと伝えられ、さまざまな運動・反射が引き起こされるという一連の流れをとっています。

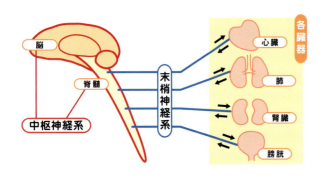

※4　局所麻酔の作用機序

　神経細胞の内側に入り、ナトリウムイオン（Na⁺）とカリウムイオン（K⁺）の流れをストップさせます。これにより刺激伝達（いわゆる痛みの伝達）を遮断し、局所の感覚（痛覚）を抑制します。

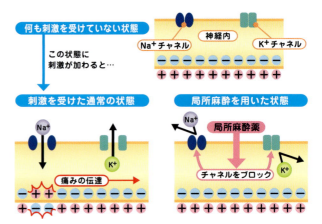

表1-1　全身麻酔と局所麻酔の違い

	全身麻酔	局所麻酔
麻酔法	・吸入麻酔法 ・注射麻酔法（静脈内、筋肉内、皮下）	・局所浸潤 ・神経ブロック ★ ・硬膜外麻酔 ★ ・脊椎麻酔 ☆
特徴	・薬を中枢神経に作用させ、麻酔効果（鎮静・鎮痛）を得る	・薬を末梢神経に作用させ、麻酔効果（鎮痛）を得る
利点	・効果が確実 ・気道の確保・呼吸・循環が麻酔師の管理下にあり調節・対応が容易	・副作用が生じなければ気道の確保などは必要ない
欠点	・断続的なモニターが必要（常に注意を払う必要がある） ・麻酔後も完全に覚醒するまでは呼吸や循環に十分注意する必要がある	・単独で十分な効果の獲得が困難 （全身麻酔との併用が必要なことが多い）

★ 神経ブロック、硬膜外麻酔を施す際には、動物を鎮静もしくは麻酔状態にしなければならないことが多い
☆ 脊椎麻酔は獣医学領域では、メインで用いられることはあまりない

麻酔方法はどうやって決めるの？

このように大きく二つに分類され、その中でさらに細かく分類されている麻酔法ですが、患者である動物に麻酔をかける獣医師は「何を基準に麻酔方法を決定する」のでしょうか？

ファーストフードのセットメニューを選ぶように、行う処置や手術の種類に応じて麻酔方法の組み合わせが決まっていて、それを選ぶだけであれば簡単で話が早いのですが、なかなかそうもいきません。

避妊手術や膀胱内の結石を取り除くような開腹手術であれば全身麻酔をかけ、体表の小さなイボを取り除くような小さな手術であれば局所麻酔だけで行うというような、「なんとなくの基準」は各施設・病院であるとは思います。しかし、実際にはさまざまな要因に応じて麻酔方法を決定していくことになります（図1-6）。

このように動物に麻酔を施す際、麻酔を担当する獣医師は、患者である動物の状態、術式（生じる侵襲の程度）、施設・設備の状況（装置およびスタッフ）などに応じて、最適と思われる麻酔方法を決定します。

このような一連の流れ、すなわち「麻酔方法を考え、決定する行為」のことを「麻酔計画」といいます。これは、麻酔を担当する獣医師の重要な仕事の一つです。この計画を行うには麻酔の知識だけでなく、内科、外科、生理学なども広く学び、生体機構についてしっかりと理解することが重要です。たくさん勉強しなければならないわけですね。

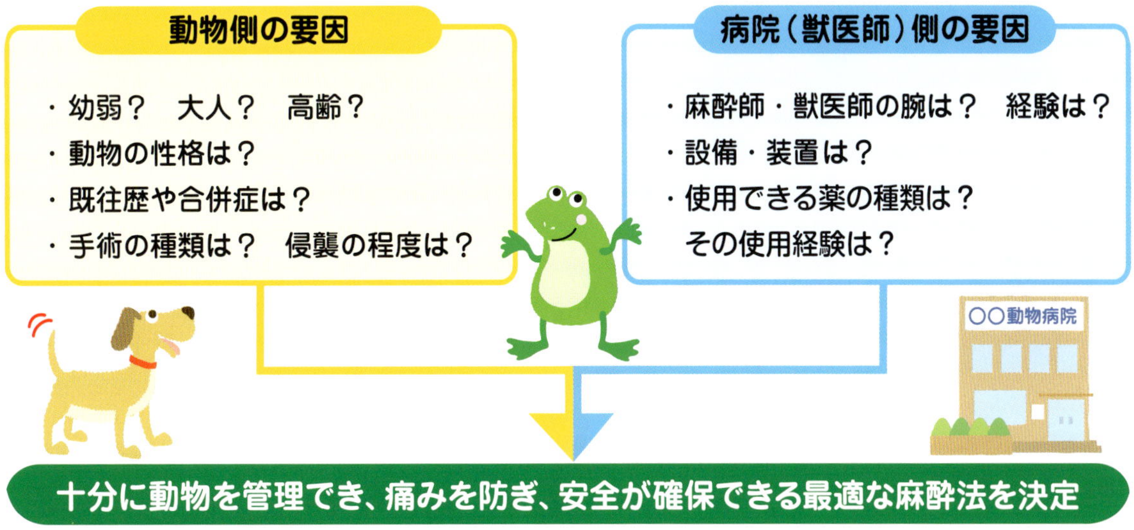

動物側の要因
- 幼弱？　大人？　高齢？
- 動物の性格は？
- 既往歴や合併症は？
- 手術の種類は？　侵襲の程度は？

病院（獣医師）側の要因
- 麻酔師・獣医師の腕は？　経験は？
- 設備・装置は？
- 使用できる薬の種類は？
  その使用経験は？

十分に動物を管理でき、痛みを防ぎ、安全が確保できる最適な麻酔法を決定

図1-6　麻酔計画立案のポイント

麻酔でいちばん大切なものって何？

では次に、麻酔計画を立て、実際に動物に麻酔を施す際に「いちばん大切なものは何か？」について考えてみましょう！　薬や注射器、麻酔記録用紙、気化器、心電図……いろいろと思い浮かんだと思います。

ところが、麻酔を行うときにいちばん大切なもの、いちばん気にしなければならないことは、「患者である動物の安全を守ること」です。この「安全の確保」のために「いかにして危険を避けるか？」を麻酔における最重要ポイントにするのです！

麻酔に関連して生じる危険には、避けられる危険と避けられない危険の2種類があります（図1-7）。

「患者である動物の安全を守ること」

避けられる危険としては、例えば「麻酔をかけられる動物がご飯を食べてしまっている」とか、「前に麻酔をかけたときにすごく状態が悪くなったことがある」とか、「心臓が悪く、ずっと薬を飲んで管理している」といったあらかじめ条件が分かっているものが挙げられます。予測可能な危険として、例えば「今回の手術は長時間かかりそうだ」とか「手術でかなりの出血が起こることが予想される」というようなものが挙げられます。このよ うな避けられる危険については「情報収集の徹底と把握」を行い、予測される事態に対する準備を怠らずに、「避けられる危険をきちんと避ける」ようにします。

避けられない危険としては、「予想外に手術時間が長引いた」「突然の出血が起こってしまった」「薬を投与したら急に副作用が生じてしまった」というようなものや、「突然心電図がきちんと取れなくなった」、「モニターが故障した」などがあります。これら予測できない事態

図1-7　危険回避のポイント

に対しては、「疑わしくは罰する」というスタンスに立ち、いち早く原因を発見し速やかに正しい処置を行うべきです。また、このような安全確保・危険回避を実行可能とするためには「徹底したモニタリング」と「緊急時を想定した日頃の準備・学習」がポイントになります。

適切なモニターを正しく使い、小さな変化・異常を見逃さず、そしてそれを発見したときに、必要なものがすぐに準備でき、すぐに使えるようにしておく——これが危険を回避し、動物の安全を守る最重要ポイントです。

ここでのポイント

- 麻酔は「全身麻酔」と「局所麻酔」の二つに分類される。薬物が中枢神経に作用し、麻酔効果が得られるものが「全身麻酔」で、末梢神経に作用して麻酔効果（鎮痛効果）が得られるのが「局所麻酔」。
- 麻酔方法の決定では「安全の確保」が最重要ポイント。動物の状態、術式、施設・設備の状況、獣医師の人数などにより最適な麻酔法を決定する。
- 安全確保のため、麻酔を施す前の情報収集をしっかり行う。モニタリングを徹底し、緊急事態に備えた日頃の準備・学習を怠らない。避けられる危険を避け、生じた異常に速やかに対処できるようにしておく！

4 麻酔薬の作用は？ 代謝・排泄・覚醒のしくみは？

前項までで、麻酔の歴史、麻酔の概念、麻酔の種類について勉強してきました。「麻酔ってどんなものなの？」「安全な麻酔ってなんなの？」という疑問が解決されていればうれしく思います。ここからは、実際の臨床の現場で使用される麻酔の種類・特徴・使用上の注意や麻酔管理のポイント（モニター）などについてお話ししていきます。

麻酔薬はどうやって作用するの？

麻酔の状態とは「コントロール可能で、可逆的な意識・感覚の消失」であり、この状態をつくり出すものが麻酔薬であることは、すでにお話ししました（p.12参照）。そこでまず、「薬物によってどうやって中枢神経系の抑制作用（鎮静作用）が生じるのか？」について考えてみましょう！

全身麻酔薬は中枢神経系である脳のGABA受容体に作用し、Cl⁻イオンの流入を増大させることで作用が発現します。つまり、身体の中に投与された麻酔薬が脳に到達し、その脳内濃度がある一定以上に維持されているときに、「麻酔」という状態が維持されることになります。これがいわゆる「麻酔作用の発現」で、この状態が維持できるように麻酔薬の濃度を調節することが「麻酔維持」ということになります（図1-8）。

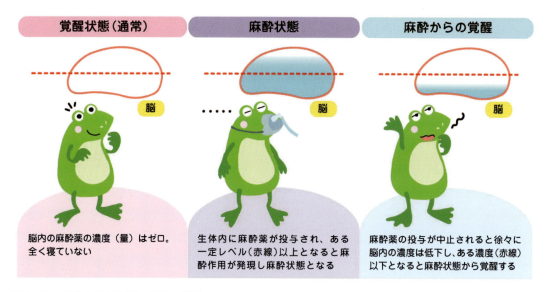

図1-8　麻酔の作用発現・維持・覚醒

　では、ここで少し考えてみてください。薬物はどうやって脳（細胞）へ到達するのでしょうか？　そうです、薬物は、<u>脳の中へ酸素や栄養が行き渡るのと同じ原理で、血液中に溶け込んだ麻酔薬が脳（細胞）へ到達し作用を及ぼす</u>のです！　簡単ですね。

　では、その仕組みについて、詳しく解説していきます。少し難しくなってきますが、ついてきてくださいね。

　生体内への薬の投与経路にはさまざまなものがありますが、全身麻酔薬の場合、多くは静脈内もしくは吸入で投与されます。投与された麻酔薬は血流に乗り、脳へ到達し、作用を発現します。

　ここで「ん？　何で？」と思われた方は鋭い！　麻酔薬が脳へ到達する前には大きな二つの問題があることに気づかれたのでは、と思います。一つは「血液脳関門」といういわゆるバリアの存在、そしてもう一つは、気体である吸入麻酔薬はどうやって脳へ到達するの？　という問題です。

　「血液脳関門（Blood-Brain Barrier：BBB）は、生体の最重要臓器である脳へ、毒物などが容易に入り込まないように作用している、脳の入り口にある"関門"の役割をするバリアのことです。ですから、通常の薬物などは血液中に入っていても、このバリアでブロックされてしまい、脳内へは入り込めません。しかし、多くの麻酔薬はここを容易に通過できるような形のものであるため、血液中から脳へ移行し、その作用を発現させることが可能なのです。

　よくできた話ですが、逆に考えてみれば簡単に脳内へ入り込めてしまうため、投与に際しては、薬理作用の特徴や副作用について十分注意する必要があることが分かると思います。

　実際の薬物の効果部位（細胞）内への分布については、タンパク結合率だとか、解離定数だとか脂溶性だとかが関係してきますが、この部分は本当に難しい話になりますので、ここでは省略させていただきます。

　もう一つ「気体である吸入麻酔薬はどうやって脳へ到達するのか？」という問題ですが、吸入麻酔薬は運搬ガスとしての酸素とともに肺へ運ばれ、肺胞で酸素と二酸化炭素がガス交換される際に血液中に溶け込みます。こうして血液中に溶け込んだ吸入麻酔薬は、注射で投与された薬物と同じように血流に乗り脳へ到達するのです（図1-9）。

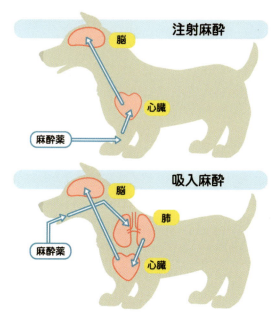

図1-9　麻酔作用の脳への行き方

吸入麻酔薬の血液への溶けやすさを示す指標の一つに「血液／ガス分配係数」というものがありますが、この値の小さいものほど麻酔の導入は早く行われます。難しい話になりましたが、要は注射麻酔薬、吸入麻酔薬のいずれも「血液中に溶け込んだ麻酔薬は、血液脳関門を通過し、脳（細胞）内へ入りこみ、その薬理作用（麻酔）を発現する」ということです。

麻酔からどうやって覚めるの？

麻酔状態というものが「脳内の麻酔薬の濃度がある一定以上に維持されているときに維持される」ということが分かれば、麻酔からの覚醒というのは、「その逆」であることが容易に想像できると思います。つまり「麻酔薬の脳内濃度が一定レベル以下となった場合に麻酔から覚醒する」ということですね。

では、どうやったら、麻酔薬の脳内濃度は一定レベル以下になるのでしょうか？　ここでも重要な二つのポイントがあります。一つは「代謝・排泄」という考え。もう一つは「分布」という考えです。

「代謝・排泄」については、これまで皆さんがいろいろな分野で学び、経験してきているもので、「薬物は肝臓で代謝され、腎臓で排泄される」というものです。大部分の薬物は肝臓で代謝されてその薬理活性（薬理作用）を失い、腎臓へ行き、尿として体外へ排泄されます。麻酔薬も例外でなく、代謝されて麻酔作用を失って体の外へ出されることで、麻酔状態から覚醒します（図1-10）。

肝臓での代謝の過程には、第Ⅰ相反応と第Ⅱ相反応の二つがあり、第Ⅰ相反応で酸化・還元・加水分解が行われ、その後、第Ⅱ相反応において抱合が行われます。これらの過程を経て、薬物は「無害」（無作用）となるわけですが、特に第Ⅰ相反応における「チトクロームP-450」という酵素による酸化反応が重要です。この言葉だけでも覚えておいてくださいね。

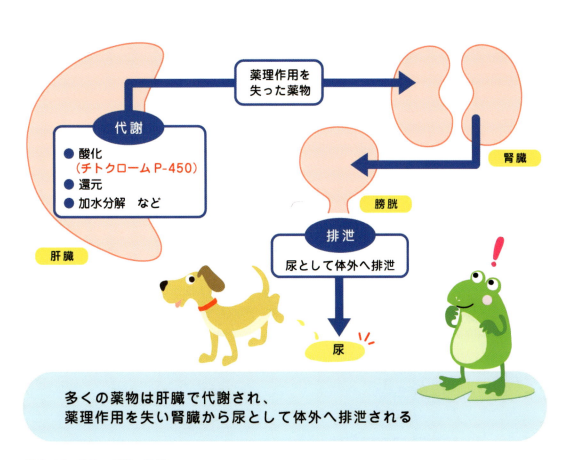

図1-10　薬物の代謝・排泄

犬と猫で薬物の代謝が異なってくることもありますが、これは第Ⅱ相反応において、犬はアセチル化能を持っておらず、猫はグルクロン酸抱合能がないということによります。

代謝・排泄に関しては、肝臓以外の部分での薬物代謝は知られており、また、腎臓以外の部位からの排泄もあります。

そして次に、「分布」について説明します。これはなかなか聞き慣れない言葉だと思いますが、麻酔薬の作用を考えるにはとても重要なことです。麻酔作用の発現・覚醒は、「分布」をもとに考えると非常に理解しやすくなります。麻酔を維持させた状態を考えると複雑になりますので、1回だけ薬物を投与した場合（注射麻酔）や短時間だけ麻酔を維持した場合（吸入麻酔）を考えてみましょう！（図1-11）

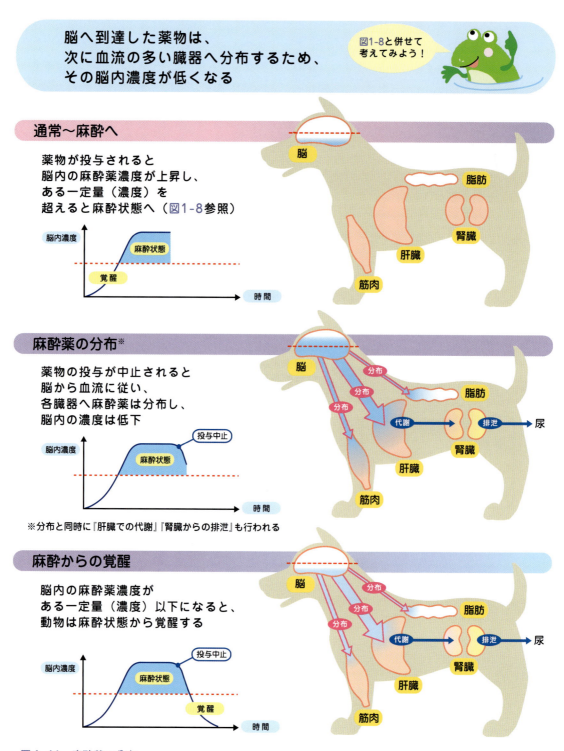

図1-11　麻酔薬の分布

分布の大原則は「血流の多い臓器・組織に薬物は分布しやすい」というものです。**血流の多い臓器の代表が肝臓**であり、少ない臓器の代表が筋肉、脂肪です。

　血液内に入り込み、脳へ到達した薬物は、その後、血流の多い臓器へ急速に分布します。そのことで脳内の薬物の濃度（量）は低下し、麻酔から覚めます。同時に肝臓では薬物が代謝され薬理作用を失い、腎臓へ行き、尿として体外から排泄されることになります。これらの流れについてもっと詳しく勉強されたい方は、「薬物動態学（Pharmacokinetics）」という分野について調べてみてください。かなり難しい話になりますが、薬理学という分野を考える上では非常に重要な項目になります。少し注目して、頭の片隅においてみてください。

　つまり、分布が速やかに行われていないのと同時に、代謝・排泄もうまく行われていないと、動物は麻酔から覚めにくくなります。いわゆる麻酔薬の生体内における蓄積ということです。長い時間麻酔をかけられていたり、多くの量や高い濃度の麻酔で維持された動物が麻酔から覚めにくいのはこのためなのです。

- 麻酔状態は、麻酔薬の作用部位である脳に麻酔薬が到達し、ある一定濃度が保たれているときに維持される。

- 麻酔薬はほかの薬物同様、肝臓で代謝され薬理作用を失い、腎臓で排泄される。

- 脳内の麻酔薬濃度が低下すれば、麻酔から覚醒するが、それには薬物の代謝・排泄と併せて分布が重要な役割を果たす。

第1章　❹ 麻酔薬の作用は？ 代謝・排泄・覚醒のしくみは？

第2章

麻酔の流れを学ぼう！

- ❶ 麻酔器の構造と管理
- ❷ 麻酔前の動物の評価
- ❸ 麻酔前投与薬
- ❹ 麻酔導入

1 麻酔器の構造と管理

ここからは「麻酔の流れ」についてお話ししていきます。動物に麻酔を施し、手術・処置を行い、麻酔から覚ますという一連の流れとともに、そのために必要な準備や機械のメンテナンスや注意事項、さらに注目ポイントなどについて詳しく解説していきます。まず「一般的な麻酔の流れ」の確認と、「気化器の構造と点検」について学んでいきましょう。

一般的な麻酔の流れとは

皆さんの病院ではどのような流れで動物に麻酔を施していますか？ 実は、「この流れでやらなければいけません！」という厳密なガイドラインのようなものは存在しないのが実情です。つまり、麻酔のやり方や手順は各病院・施設ごとに異なっているのです。では何も考えず適当にやっても良いのでしょうか？ そんなことはありません。麻酔を行う場合には、麻酔においてもっとも大事な「患者である動物の命の安全を守る」ことが最優先に確保されるように行われなければなりません。

では、そのために、どのようなことに注意し、どのような流れで行うべきなのでしょうか？ 図2-1に、いわゆる一般的な麻酔の流れをご紹介します。

「麻酔の流れ」の十分な理解は、麻酔管理の十分な理解の基礎となる部分です。麻酔管理とは、手術や麻酔薬などさまざまな侵襲の中で変動する動物の全身状態を、適切に管理することにほかならないため、この流れを理解することは「一つひとつの知識や技術が連動し、患者である動物の命に有効に反映されるための方法を学ぶ」ことになります。難しいですが、一連の流れの目的と方法を理解できるようにしましょう！

※ ASA分類：麻酔が行われる動物の全身状態の評価法（p.36参照）

図2-1　一般的な麻酔の流れ

一般的な麻酔器の構造を理解しよう！

まずは実際の麻酔を行う前に、「麻酔ができるかどうか？」のチェックが必要になります。これには「動物側の要因」「機器の要因」「薬剤の要因」などがあります。これらのいずれのチェックにおいても「麻酔をかけることができる」と判断された場合にのみ、次の手順へ進むことになります。ここでは麻酔実施前のチェック項目として、「機器の要因」の一つである麻酔器のチェックに焦点を当てて話を進めます。

「麻酔器に異常がないかどうか？」をチェックするためには、一般的な麻酔器の構造を理解しておかなければなりません。建物の図面をみるような感じで理解しづらいかもしれませんが、麻酔器はこのような構造からなっています（図2-2）。皆さんも、動物病院にある麻酔器の構造を確認してみてください。

続いて、実際の麻酔の際の麻酔ガス・酸素の流れを、動物から入っていく場合と吐き出されていく場合の両方向からイメージしてみましょう（図2-3）。

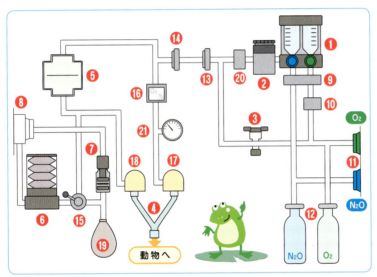

麻酔回路（調整された混合ガスを動物へ供給する部分）の基本構造図

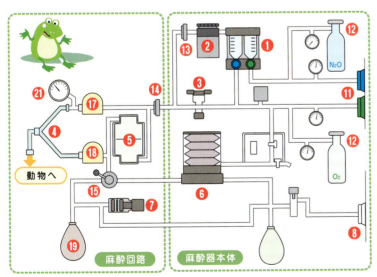

麻酔回路と麻酔器本体（適切な濃度の混合ガスをつくる部分）を分けて考えた図

図2-2　麻酔器の構造

❶流量計：酸素などの流量を調節・表示
❷気化器：揮発性吸入麻酔薬を設定した濃度になるように調整
❸酸素フラッシュ弁：ガス共通流出口（⓭）に酸素を直接高流量で送る弁
❹呼吸回路：ガス共通流出口（⓭）から出てきた麻酔ガスを動物へ接続する
❺二酸化炭素吸着装置（キャニスタ）：呼気中に含まれる二酸化炭素を二酸化炭素吸着剤（ソーダライムなど）で除去する部分
❻人工呼吸器（レスピレータ）：動物の人工呼吸を行う
❼APL弁（ポップオフ弁）：呼吸回路の内圧（≒気道内圧）を調整する弁
❽余剰ガス排泄装置：麻酔ガスが手術室内に漏れないように屋外へ排泄する
❾ガス遮断安全装置：酸素の供給量が低下したとき、亜酸化窒素の供給を停止する
❿酸素供給圧警報装置：酸素供給圧が異常に低下した時警報音を発する
⓫医療ガス配管設備：酸素・亜酸化窒素・空気の配管
⓬ボンベ：医療ガス配管装置からの医療ガスの供給が途絶えたときに使用する（緊急用）
⓭ガス共通流出口：麻酔ガスの麻酔器からの出口
⓮ガス流入口：ガス共通流出口から出た麻酔ガスが、麻酔回路に入る部分。一般に吸気弁（⓱）と二酸化炭素吸着装置の間に位置
⓯切替弁：呼吸バッグ（⓳）と人工呼吸器を切り替える弁
⓰酸素濃度計：吸気の酸素濃度を測定
⓱吸気弁：呼気中の二酸化炭素を再呼吸させるのを防ぐため、麻酔ガスが回路内で一定の方向に流れるように設置された弁（吸気側に設置）
⓲呼気弁：呼気中の二酸化炭素を再呼吸させるのを防ぐため、麻酔ガスが回路内で一定の方向に流れるように設置された弁（呼気側に設置）
⓳呼吸バッグ：手で（自分の管理で）動物に陽圧呼吸を行うときに用いる
⓴逆流防止弁：麻酔ガスが麻酔器本体側に逆流するのを防止する弁
㉑気道内圧計：麻酔回路内圧を表示

ガスは、麻酔器・回路内でどのように流れている？

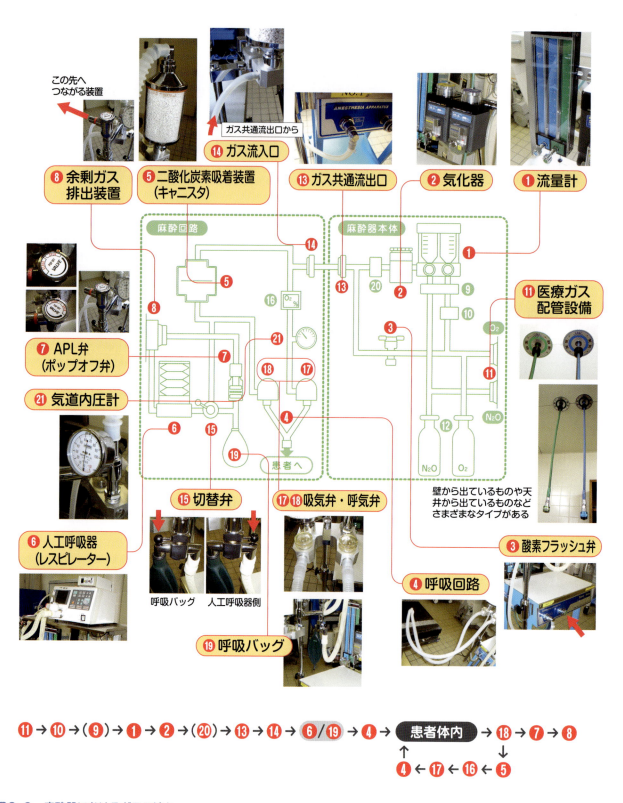

図2-3　麻酔器におけるガスの流れ

麻酔で使用される酸素、空気、亜酸化窒素（笑気）は医療ガス配管設備（⑪）から供給されます。このとき、それぞれのラインが混乱しないよう、ピンインデックス（差込口のピンの形や色を変えること）により誤接続を防ぐようにしてあります（写真2-1）。これらは高圧ガスであるため、減圧弁で圧を下げられた後に流量計（❶）で混合比率が調整されます。

混合されたガス※1（酸素・空気・亜酸化窒素）は、気化器（❷）で揮発性吸入麻酔薬の濃度を調整し、（逆流防止弁⑳を経て）ガス共通流出口（⑬）からガス流入口（⑭）へ送られます。人工呼吸器（❻）もしくは呼吸バッグ（⑲）から陽圧をかけると、麻酔ガス（混合ガスと揮発性麻酔薬の混ざったもの）が呼吸回路（❹）を経て動物に送り込まれます。

回路内の陽圧がなくなると（バッグを押すのをやめたり、人工呼吸器が押すのをやめると）、動物の肺から呼気が自然に吐き出されます。このとき、吸気と呼気が混ざってしまうのを防ぐため、吸気弁（⑰）と呼気弁（⑱）によって、ガスは回路内を一定方向へ流れるように工夫されています。

呼気の一部は、APL弁（❼）または人工呼吸器（❻）から余剰ガス排出装置（❽）に送られ、外へ出されます。残りの呼気は二酸化炭素を大量に含むため、二酸化炭素吸着装置（ソーダライムなど：❺）で二酸化炭素が除去された後、再度動物の体内へ送り込まれます。

このように、常に新しい麻酔ガスを補給しながら、動物の呼気の一部を再呼吸させる回路を**再呼吸式回路**と呼びます。これは安全性・簡便性の面から、現在もっとも一般的に用いられている麻酔回路です。

ガスの流れは環状回路（サークル）になっており、吸気弁（⑰）、呼気弁（⑱）により一方向に流れます。フレッシュガス（麻酔ガス）は吸気側の回路に入ります。患者である動物の呼気ガスは回路に戻り、二酸化炭素吸着装置（キャニスタ：❺）にて炭酸ガスを吸収しフレッシュガスと合流し再利用します。そのため、余剰ガスとして排除する余分なガスはAPL弁（❼）で調節できるのでフレッシュガスの量は少なく使用できます。

そのほかには非再呼吸式回路があります。その中で、代表的な回路として、ジャクソンリース回路（図2-4）、ベイン回路（図2-5）があります。流量計にて量を設定したフレッシュガスが気化器を経由し、麻酔ガスを含む酸素となって動物の口元に入ります。このフレッシュ

酸素（左：緑）と亜酸化窒素（笑気）（右：青）。ピンを差し込む小さい穴の角度の違いにも注意！

写真2-1　ガスラインの接続部

酸素ラインの接続部

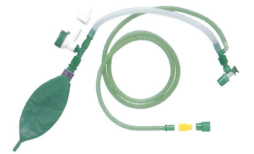

写真2-2　非再呼吸式回路メイプルソンF

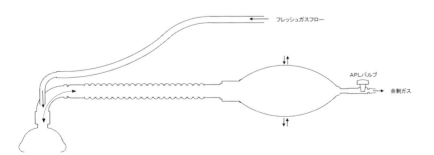

図2-4　ジャクソンリース回路

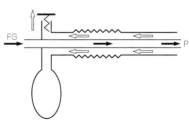

図2-5　ベイン回路

（William W. Muir., et al.（2007）獣医臨床麻酔オペレーションハンドブック，山下和人ら訳，第4版，インターズー，東京．より引用）

ガス（酸素＋麻酔ガス）は吸気時に患者である動物に入り、呼気時に回路（蛇管）に戻ります。フレッシュガスはコンスタントに口元に入り、CO_2を含んだ呼気を下流に流します。次の吸気時には呼気時間の間に蛇管内に蓄積したフレッシュガスを吸気として吸い込みます。このように、一般的な麻酔器に装備されている呼吸回路（再呼吸式回路）とは異なり、非常にシンプルな回路となります。これは体重の小さな動物（2〜2.5kg以下）の麻酔管理を行う上では、麻酔回路における呼吸抵抗が非常に小さいためとても有用性の高い回路になります。恐らく皆さんの病院にある気化器・麻酔器・麻酔回路においても設定が可能ですので、その設定方法を覚えておくと良いと思います。

デメリットとしては、フレッシュガスの量が少ないと、吸気にCO_2を含んだ呼気ガスを吸ってしまうことです（再呼吸）。このためフレッシュガスの量は一回換気量（分時換気量）を上回る量が必要となります[※2]。また、常に比較的大量のフレッシュガスを流すため、動物の気道が乾燥しやすく、また体温が低下しやすい[※3]という欠点もあるのでこれらには注意が必要です！！

なお、吸気とは看護動物が吸う空気・酸素・麻酔ガスのことです。反対に、呼気とは看護動物から吐き出される空気・酸素・麻酔ガスのことです。また、揮発性麻酔薬は、気体状の麻酔薬を吸入することで作用が発現する麻酔薬のことです。大まかに「ガス麻酔薬」として理解してくだされば問題ありません。

※1 混合されたガス
獣医学領域では一般的に「酸素」（100%酸素）のみが使用されることが多く、混合ガスとしての使用はあまりありませんが、最近では酸素と空気を混ぜることのさまざまな有用性が注目されるようになり、酸素濃度を下げて（40〜60%）使用する施設も増えてきています。

※2 フレッシュガス必要量の比較
ここで必要なフレッシュガスの量を再呼吸式回路と非再呼吸式回路で比較してみましょう。例えば、一回換気量300mL（体重20kgくらいの動物を想定）、呼吸回数12回では1分間の分時換気量は 300×12=3,600mL（3.6L）となります。フレッシュガス流量の設定として、非再呼吸回路では最低3.6L（安全性を見て4L以上）必要となります。再呼吸式回路では、1L程度のフレッシュガス流量での換気が可能です。よって、麻酔薬・ガスの消費は非再呼吸式回路よりも再呼吸式回路のほうが少なくなります。

※3 酸素の温度・湿度
酸素ボンベや回路を流れる酸素は非常に乾燥しており、非常に冷たいものです。実際に回路の酸素を流し、皆さんの皮膚に当ててみてもらえれば「乾いて冷たい」を感じることができると思います。

実際に麻酔器を点検してみよう

●麻酔器の点検1：始業点検

動物に麻酔をかける前に、麻酔器がしっかりとした状態であるかを確認します。これを一般的に「始業点検」といいますが、先ほどの「麻酔の一連の流れ」と同様、獣医療の分野では、「麻酔器を使用する前にこの項目をチェックしなさい！」というような決まりはありません。つまり、麻酔のやり方・手順と同様、麻酔器の点検の方法や頻度などは、各動物病院・施設ごとに異なっているのです。

しかし、「適当で良い」というわけにはいきませんから、ヒト医療の分野で用いられている日本麻酔科学会による「麻酔器の始業点検」（図2-6）を参考に行います。ヒト医療の麻酔科では、この指針に加え「年4回以上の目視点検」と「年1〜2回の機能点検および電機的安全点検」も推奨されています。

●麻酔器の点検2：リークテスト

麻酔回路のどこかで「漏れが生じていないか？」をチェックするテストです。通常は酸素フラッシュ弁（図2-3❸）を用いた漏れのチェックになりますが、これだけでは麻酔器内のリーク（漏れ）を調べることができないため、次の二つの方法を併用してチェックを行いましょう。

方法①
1. 呼吸回路尖端を閉塞、APL弁を閉じ、酸素を5L/min流して30cmH_2Oまで加圧
2. 呼吸バッグを押して圧をかけ、圧の維持を確認
3. その後、30cmH_2Oで酸素を止めて、30秒後に圧降下が5cmH_2O以内であることを確認

方法②
1. APL弁を閉じ、酸素を100mL/min程度流す
2. 呼吸バッグと接続口と看護動物呼吸回路先端を別の蛇管で接続し、回路内圧が30cmH_2Oを超えることを確認

1．補助ボンベ内容量および流量計
1）補助ボンベ（酸素、亜酸化窒素）を開き、圧を確認し、残量をチェックする。
2）ノブおよび浮子の動きを点検する。
3）酸素の流量が5L/分流れることを確認する。
4）低酸素防止装置付き流量計（純亜酸化窒素供給防止装置付き流量計）が装備されている場合は、この機構が正しく作動することを確認する。

2．補助ボンベによる酸素供給圧低下時の亜酸化窒素遮断機構およびアラームの点検
1）酸素および亜酸化窒素の流量を5L/分にセットする。
2）酸素ボンベを閉じて、アラームが鳴り、亜酸化窒素が遮断されることを確認する（一部の機種ではアラームが装備されていない）。
3）酸素の流量を再び5L/分にセットすると、亜酸化窒素の流量が5L/分に自動的に回復することを確認する。
4）亜酸化窒素の流量計のノブを閉じる。
5）酸素の流量計のノブを閉じる。
6）酸素および亜酸化窒素のボンベを閉じ、メーターが0に戻っていることを確認する。

3．医療ガス配管設備（中央配管）によるガス供給
1）ホースアセンブリ（酸素、亜酸化窒素、圧縮空気など）を接続する際、目視点検を行い、また漏れのないことも確認する。
2）各ホースアセンブリを医療ガス設備の配管末端器（アウトレット）あるいは医療ガス配管設備に正しく接続し、ガス供給圧を確認する。酸素供給圧：$4±0.5kgf/cm^2$。亜酸化窒素および圧縮空気：酸素供給圧よりも約$0.3kgf/cm^2$低い。
3）ノブおよび浮子の動きを点検する。
4）低酸素防止装置付き流量計（純亜酸化窒素供給防止装置付き流量計）が装備されている場合は、この機構が正しく作動することを確認する。
5）酸素及び亜酸化窒素を流した後、酸素のホースアセンブリを外した際に、アラームが鳴り、亜酸化窒素の供給が遮断されることを確認する（一部の機種ではアラームが装備されていない）。
6）医療ガス配管設備のない施設では、主ボンベについて補助ボンベと同じ要領で圧、内容量の点検を行った後に使用する。

4．気化器
1）内容量を確認する。
2）注入栓をしっかりと閉める。
3）OFFの状態で酸素を流し、匂いのないことを確認する。
4）ダイアルが円滑に作動するかを確認する。
5）接続が確実かどうか目視確認する。気化器が2つ以上ある場合は、同時に複数のダイアルが回らないこと（気化器が2つ作動しないこと）を確認する。

5．酸素濃度計
1）電池が十分であることを確認する。
2）センサーを空気で21％になるように較正する。
3）センサーを回路に組み込み、酸素をフラッシュして酸素濃度が上昇することを確認する。

6．二酸化炭素吸収装置
1）吸収薬の色、量、一様につまっているかなどを目視点検する。
2）水抜き装置がある場合には、水抜きを行った後は必ず閉鎖する。

7．患者呼吸回路の組み立て
1）正しく、しっかりと組み立てられているかどうかを確認する。

8．患者呼吸回路、麻酔器内配管のリークテスト及び酸素フラッシュ機能
1）新鮮ガス流量を0または最小流量にする。
2）APL（ポップオフ）弁を閉め、患者呼吸回路先端（Yピース）を閉塞する。
3）酸素を5〜10L/分流して呼吸回路内圧を$30cmH_2O$に上昇させる。
4）少なくとも10秒間回路内圧が$30cmH_2O$に保たれることを確認する。
5）APL弁を開き、回路内圧が低下することを確認する。
6）酸素フラッシュを行い、十分な流量があることを確認する。

9．患者呼吸回路のガス流
1）テスト肺をつけ換気状態を点検する。
2）呼吸バッグをふくらました後、押して、吸気弁と呼気弁の動きを確認する。
3）呼吸バッグを押したり、放すことによりテスト肺がふくらんだり、しぼんだりすることを確認する。
4）APL（ポップオフ）弁の機能を確認する。

10．人工呼吸器とアラーム
1）人工呼吸器を使用時と同様な状態にしてスイッチを入れ、アラームも作動状態にする。
2）テスト肺の動きを確認する。
3）テスト肺をはずして、低圧ならびに高圧アラームが作動することを確認する。

11．麻酔ガス排除装置
1）回路の接続が正しいことを確認する。
2）吸引量を目視確認する。
3）呼吸回路内からガスが異常に吸引されないことを確認する。

12．完了
1）点検完了を確認する。

図2-6　日本麻酔科学会「麻酔器の始業点検」　　　※許可を得て全文を転載

ここでのポイント

● 看護動物の「命の安全を守る」ために「麻酔の流れ」を十分に理解し、「一つひとつの知識や技術を連動させ、患者である動物の命に有効に反映させる」ようにしましょう。

● 麻酔器の構造と各部位の名称、そして実際の麻酔の際のガス・空気の流れを、しっかりと理解しましょう。

● 麻酔器の安全点検は、図2-6の日本麻酔科学会の指針に基づき行うことが望ましい。

2 麻酔前の動物の評価

前項では、麻酔の流れを理解するための第一歩として、「麻酔前の準備」における「機械側の要因」、つまり麻酔器の構造・点検について説明しました。麻酔器の一般的な構造が理解できたでしょうか？　次は、同じく「麻酔前の準備」における「動物側の要因」について考えてみましょう。

動物に麻酔をかけたい！　でもその前に

皆さんの病院では、患者である動物に麻酔をかけるとき、まずは何をしますか？　初診で初対面のコに、いきなり麻酔をかけて……などということはないと思います。また、「麻酔をするために動物に麻酔をかける」ということもないでしょう。麻酔をかける場合、<u>手術や検査（内視鏡、CT、MRIなど）を行う</u>という<u>きちんとした理由</u>があって、初めて麻酔をかけることになります。

「内視鏡検査で胃の中の異物を取り出すことには成功したけれど、動物が麻酔で死亡してしまった……」というのでは話になりません。安全かつ確実に手技を達成するためには、安全かつ確実に麻酔をかけなければならないのです。

つまり、動物に麻酔をかける前にしなければならないこととは……、そうです！　前項からお話ししている「<u>麻酔がかけられるかどうかを、きちんと評価すること</u>」です。では、そのために何をしなければならないのでしょうか？

その動物に麻酔がかけられるかどうかをきちんと評価するのが大切！

麻酔をかけるためにはその理由が必ずある！

麻酔前に動物を評価する目的は？

まずはじめに、「どうして麻酔前に動物の評価を行わなければいけないのか？」について考えてみましょう。もしこう問われたら、当然「安全に麻酔をかけるためです！」という答えが返ってきますよね。では、また質問です。「<u>安全である」と判断するためには、どうしたら良いのですか？</u>　その場合、「動物を評価すれば良いです！」と答えられます。しかし、この調子だと堂々めぐりの質疑応答が繰り返されそうです……。

すべて正しい考えではあるのですが、もう少しきちんとした言葉で表すと、麻酔前に動物を評価する目的は「<u>麻酔（手術）の可否</u>[※1]<u>とそれに伴う予後を判定し、最適な方法を決定する</u>」ことといえます。そのために必要なことが「動物の一般状態の完全な把握」であり、「各臓器の状態の評価」なのです。これらは何によって達成さ

れるのでしょうか？
　それは動物看護の、そして臨床現場での「基本」である**問診（病歴の聴取）**、**身体検査**、**補助検査**により達成されるのです。

※1　麻酔（手術）の可否
　獣医療の分野においては、手術を行う場合、ほとんどすべての症例において全身麻酔をかけて行われるため、「麻酔可能かどうか？」イコール「手術可能かどうか？」の評価となります。

麻酔前の問診のポイントは？

　麻酔前の「問診」（病歴の聴取）は、麻酔をかけるための「はじめの一歩」であり「**転ばぬ先の杖**」です。ここでしっかりと情報を集めることで、麻酔（手術）に伴って起こりうる「避けられる危険」や「予測可能な危険」を避けることができるのです。特に最近、ヒト医学領域でも麻酔前検査の内容などについては、非常に注目度が高く、特に身体検査の重要性が注目されています。
　ここでポイントとなるのは、
① **新鮮で質の高い情報を集める**
② **現在の状態（現症）だけでなく、既往症や合併症についても念頭に入れておく**
③ **項目別にチェックしていく**
ということです（表2-1）。
　さらに、問診において特に注意して意識するべき重要ポイントとしては、

- こちらで**知りたい情報が何であるかを自分自身でしっかり把握**する
- 飼い主さんは、あくまでも**素人**であることを忘れない
- 病名から「この病気ならこんな症状が出る（はず）」という**先入観をあまり持たない**
- **普段の状況**を把握する
- 口頭での情報はあくまでも「**補助的**」なもの

ということが挙げられます。
　動物看護師業務には「当たり前」のことかもしれませんね。
　またいくら経験を積んでも、「聞いたはずだった」「聞いていたけど覚えていなかった」（聞き流し）というような「意外な落とし穴」（表2-2）が起こり得ることも念頭におき、注意深く問診をとることが大切です。

表2-1　問診において特にチェックする項目
- 稟告：動物の特徴、飼育法（飼育環境）、既往症
- 身体機能（心肺系、泌尿器系、消化器系）の全般的情報：飲水量、排尿回数、嘔吐・下痢・咳・運動不耐性の有無など
- 手術実施時期、麻酔薬の選択、診断・治療方針の決定：コルチコステロイドなど薬剤の投与（現在／最近）状況の把握
- 過去の輸血歴、薬物に対する反応、手術（麻酔）に伴う合併症の有無、出血傾向
- 現症の状態・期間・経過：鑑別診断、検査項目の選択

表2-2　問診における「意外な落とし穴」
- 直前の情報の欠落
- 手術対象部位（疾患）に著しい変化がなくても、全く別の部位に変化が起こっている
- 飲食・飲水の制限の伝え漏れ
- 術前の投薬状況の再チェック
- 同意書（承諾書）の記載

麻酔前の動物の身体検査

　麻酔前や手術前、そして通常の診療でも、身体検査を行う目的はただ一つ。それは、「**事例の全身状態の評価**」です。身体検査を行う際には、

- 「異常部位のみ」に目がいかないようにする
- **原発疾患**と併発疾患の両方のチェックを行う
- 正常と思われる臓器系も評価する（特に高齢動物や外

傷例）に注意して検査を進める必要があります。こうして、異常（を疑う）部位・臓器とこれに関連する部位に対する「看護動物の全体的な評価」が行われることになるのです。

表2-3に、症例の身体検査において着目すべきポイントを挙げています。このうち、特にポイントとなる5項目について説明します（■部分）。特に"全身状態"の評価については、どのくらい続く状態か？ 急性の変化なのか？ 徐々に生じている慢性の変化なのか？ に注目することも大切です！

表2-3 症例の身体検査において着目すべきポイント

- 全身状態：肥満・削そう、妊娠、水和状態、気質（性格）
- 心血管系：心拍数、リズム、雑音、動脈圧と状態、CRT
- 呼吸器系：呼吸数、深さ、粘膜の色、雑音
- 神経系：発作、昏睡、失神
- 胃腸消化管：嘔吐、下痢、雑音（蠕動に伴う音）
- 肝臓：黄疸、出血
- 腎臓・尿道：触診（腎、膀胱）、尿糖
- 表皮：腫瘍、損傷、寄生虫感染
- 筋骨格系：虚脱、跛行、麻痺・不全麻痺

肥満・削そう

「肥満」「やや肥満」「正常」「やや削そう」「削そう」のBCS（ボディコンディションスコア）をもとに評価します。「肥満」の動物、「削そう」の動物のどちらも、麻酔のリスク（危険度）は高くなるので、きちんと評価することが大切です。

水和状態（脱水の程度の評価）（表2-4）

眼球の落ち窪み・瞬膜の露出の有無や粘膜の湿潤状態（乾燥〜湿潤〜ねばねば）、浮腫の有無、皮膚ツルゴール（緊張感・弾力性）、皮膚つまみテストが判断基準としてあります。皮膚ツルゴールおよび皮膚つまみテストは、皮膚の弾力性が低下した高齢動物や体脂肪量の少ない削そうした動物では、脱水の評価を過大評価してしまうことがあります。また逆に太った動物では、脱水の評価を過小評価してしまう場合がありますので、注意が必要です。

動脈圧と状態　CRT

動脈圧は、一般的に内股動脈で触知します（写真2-3）。所見であり、聴診や心電図と併せて評価する必要

表2-4 脱水の程度の評価

脱水量（%）	身体検査所見
<5%	身体検査では異常なし
5	口腔粘膜の軽度の乾燥
6〜8	皮膚ツルゴール；軽度〜中等度の低下 皮膚つまみテスト；2〜3秒持続 口腔粘膜の乾燥、CRT延長（2〜3秒） 眼球のわずかな陥没
8〜10	皮膚つまみテスト；6〜10秒
10〜12	皮膚ツルゴールの著しい低下 皮膚つまみテスト；20〜45秒 口腔粘膜の乾燥、CRT延長（3秒） 眼球の明らかな陥没 沈うつ、不随意な筋の攣縮
12〜15	明らかなショック状態、切迫した死

写真2-3　股動脈圧の触知

表2-5 異常な場合の粘膜の色

粘膜の色調	臨床的意義
蒼白・白	貧血・ショック・血管収縮
濃赤色	赤血球増加症、高熱、血管拡張
青（チアノーゼ）	低酸素症
黄色	肝疾患、溶血

があります。CRT（Capillary Refilling Time：毛細血管再充満時間）は、口腔粘膜などを圧迫し、色調が回復するまでの時間で判定した場合、正常は1～2秒です。もとに戻るまでの時間が3秒以上になると、脱水・出血などによる循環血液量低下（血管収縮）が考えられます。

粘膜の色

可視粘膜の色調で評価します（表2-5）。これは、ヘモグロビン濃度や組織への酸素の行きわたり、末梢において血液循環がどのような状態かを示しています。正常は健康なピンク色です（写真2-4）。

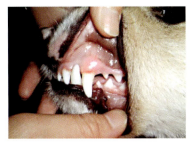

写真2-4　粘膜色の評価

麻酔前に行うプラスαの補助検査

麻酔前の問診・身体検査により、看護動物の全体的な評価が行われた後には、**各疾患とそれに伴う全身状態に関する正しい理解・客観的理解**を得るための補助検査を行います。

行われる補助検査としては、
- 血液学的検査：全血球計算（CBC）
- 血液生化学検査
- 尿検査
- そのほか：糞便検査、血液凝固能検査

があります。各検査における細かい項目や、その意味するところ、そして正常値・異常値については、繰り返し読み返し、しっかり覚えるようにしましょう！　麻酔前に行われる補助検査を以下に説明します。

●全血球計算（表2-6）
（CBC: Complete Blood Cell Count）

赤血球数（RBC）、ヘモグロビン濃度（Hb）、ヘマトクリット値（Ht）、血球容積（PCV）、白血球数（WBC）、血小板数（PLT）、血漿タンパク濃度（TP）、血液塗抹標本のことをいいます。

表2-6　全血球算定における参考基準値

	犬	猫
RBC（×10^6/μL）	5.5～8.5	5.0～10.0
Hb（g/dL）	12.5～19	8.5～16
Ht（％）	37～55	24～45
PCV（％）	35～54	27～46
WBC（×10^9/μL）	6.5～19	4.5～16.5
好中球-桿状核	0～0.3	0～0.3
好中球-分葉核	3～11.5	3～13
リンパ球	1.2～5.2	1.2～9
単球	0.2～1.3	0～0.7
好酸球	0～1.2	0～1.2
好塩基球	まれ	まれ
PLT（×1000/μL）	150～400	150～400
TP（g/dL）	5.4～7.1	5.4～7.8

●血液生化学検査

主要器官（臓器）の異常のチェックを行います。

＜肝疾患パネル＞
- 血液尿素窒素（BUN）：肝血流・肝機能
- 総タンパク質（TP）：アルブミン合成能
- アルブミン（Alb）：アルブミン合成能
- アラニンアミノトランスフェラーゼ（ALT、GPT）：肝細胞の膜透過性・障害
- アスパラギン酸アミノトランスフェラーゼ（AST、GOT）：肝細胞破壊
- アルカリフォスファターゼ（ALP）：肝内・肝外胆管の閉塞
- 総コレステロール（TCHO）：脂肪代謝
- 総胆汁酸（TBA）：肝細胞の機能

＜腎疾患パネル＞
- 血液尿素窒素（BUN）：窒素血症の確認
- クレアチニン（Cre）：窒素血症の確認
- アルブミン（Alb）：脂質代謝との連動
- 総コレステロール（TCHO）：アルブミンと連動
- ナトリウム（Na）：遠位尿細管の再吸収能

- カリウム（K）：無尿・慢性腎不全末期で上昇
- 塩素（Cl）：血清Na濃度と正比例し受動的に変動
- カルシウム（Ca）：Pの変動と連動（P↑でCa↓）
- リン（P）：約75％の腎機能障害で上昇
- 尿比重（USG）：比重低下と窒素血漿は慢性腎不全を予測

<血液凝固能>

血小板（PLT）の数と、凝固因子（血液を止めるために必要なもの）が正常であることを確認する。麻酔（手術）を行う場合、最低でも血小板数は100000/μLなければならない！！のです。

麻酔前の動物の総合評価

麻酔前の問診、身体検査そして補助検査により麻酔をかけたい動物の状態をきちんと把握できたと思います。では、**最終的に行う「評価」**としては何があるのでしょうか？

「麻酔を安全にかけられる」「麻酔をかけるのにかなり注意が必要」などの客観的判断は何を用いて行われるのでしょうか？　看護動物について得られたすべての情報と行われる処置・手術の内容を併せて評価します。

表2-7　ASA分類

ASA-PS	患者の状態	例
Class 1	健康で鑑別できる疾病がない	緊急でない手術 卵巣子宮摘出、去勢、抜爪
Class 2	健康であるが局所的疾患のみもしくは軽度の全身疾患を有する	膝蓋骨脱臼、皮膚腫瘍 口蓋裂 （誤嚥性肺炎を伴わない）
Class 3	重度の全身性疾患を有する	肺炎、発熱、脱水、心雑音、貧血
Class 4	重度の生命にかかわる全身性疾患を有する	心不全、腎不全、肝不全、 重度の循環血液量の減少 重度の出血
Class 5	瀕死状態 手術の有無にかかわらず24時間以上の生存が期待できない	内毒素性ショック、多臓器不全 重度の出血

* PS：Physical Status

表2-8　麻酔前に必要な検査項目

ASA-PS	推奨検査項目①	推奨検査項目②
Class 1	PCV、TP、尿比重	CBC、尿検査、BUN、Cre、ALP、ALT
Class 2	PCV、TP、尿比重	CBC、尿検査、BUN、Cre、ALP、ALT
Class 3	CBC、尿検査、生化学的検査全項目	CBC、尿検査、BUN、Cre、ALP、ALT
Class 4	CBC、尿検査 生化学的検査全項目	CBC、尿検査 生化学的検査全項目
Class 5	CBC、尿検査 生化学的検査全項目	CBC、尿検査 生化学的検査全項目
緊急	PCV、TP、尿比重	PCV、TP、尿比重 ±

* 推奨検査項目①：60分以内の小手術の場合に行う（べき）検査項目
* 推奨検査項目②：60分以上の大手術の場合に行う（べき）検査項目
* PS：Physical Status

● ASA分類

ASAとは「アメリカ麻酔科学会（American Society of Anesthesiologists）」の頭文字を取ったもので、ここではヒト医療の麻酔科における評価基準をもとに、獣医療用にアレンジされた麻酔前の動物の評価基準のことです。さらに、ASA-PSとはPhysical Statusの略で全身状態の基準となります。これはClass 1〜5に分けられており、1は「健康」、5は「重体」を表します（表2-7）。いわば、麻酔を行う際の「共通言語」のようなものですから、しっかりと覚えておいてくださいね。

● どの程度の検査が必要？

麻酔をかける前にはどのくらいの検査（内容、項目）が必要か、考えてみましょう！　お金と時間に限りないゆとりがあるのであれば、「すべての動物に対してすべての検査項目を実施する」というのが理想かもしれません。しかし、不必要な検査を増やしても、飼い主さんと動物の双方に負担がかかりますね。また、エマージェンシーで1分1秒を争う状況では、「必要最低限」の検査で動物の状態を正確に把握しなければならないでしょう。一方、若くて健康な動物であれば、最小限の項目で十分麻酔が可能と判断できるはずです。

前置きが長くなりましたが、ここでも考慮すべきことは、

- 問診より得られた動物の状態・情報
- 動物の身体検査の結果
- 明らかとなった病気・異常
- 麻酔をかけて行う処置
- 手術の内容

の総合になります。これらと併せて、「軽手術（60分以内）か？」「大手術（60分以上）か？」「7歳以上か？」なども考慮して検査項目を決定していくことになります（表2-8）。

- 動物看護の基本である「問診」「身体検査」「各種検査」の意味をもう一度理解し、「麻酔をかける前に必要なこと」という観点に立って麻酔前の看護動物の評価を見直してみましょう。
- 動物の状態の「客観的評価法」としてのASA分類を理解しましょう。
- 麻酔前に必要な検査項目についても、再度確認しましょう。

3 麻酔前投与薬

「麻酔前の準備」として、前項までに「機械の準備（点検・整備）」と「動物の準備（評価）」について解説しました。ここからは、機械と動物の両方への評価の後、「麻酔がかけられる状態」となってからの流れについて説明していきます。まずは麻酔前投与薬についてです。

麻酔前投与薬って？

麻酔における「麻酔前投与薬」の役割と立場について、ちょっと考えてみると、「動物が寝てしまう前に行う最

終的な処置（投薬）」であることに気づくと思います。

では、麻酔前投与薬の中身について少し詳しく考えていきましょう！　麻酔前投与薬とは、「動物が寝てしまう前に行う最終的な処置」であり、簡単にいえば麻酔前投与薬とは、「麻酔前」に「投与」する「薬」のことです。これには<u>トランキライザー</u>や<u>鎮静薬</u>、<u>鎮痛薬</u>そして<u>副交感神経遮断薬</u>が含まれます。

表2-9に、代表的な麻酔前投与薬の投与量・持続時間・薬理作用についてまとめました。皆さんの動物病院にどのような麻酔前投与薬があり、どのように、どんな用量で使われているか、もう一度確認してみてください。

トランキライザー
Tranquilizers

いわゆる「精神安定薬」であり、鎮静状態や精神機能の低下状態は引き起こしません。ただ単に「平穏」「平静」な状態にして、周囲に対して無関心にさせる薬です。

➡ アセプロマジン（写真2-5）、ドロペリドール・ミダゾラム（写真2-6）、ジアゼパム（写真2-7）など

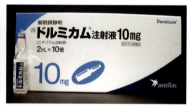

写真2-5　　　　　　写真2-6

写真2-7

鎮静薬
Sedatives

神経の興奮を鎮める薬。中枢神経機能の抑制（大脳皮質機能の抑制）を引き起こして穏やかにします。

軽度〜中等度の催眠状態（眠気）をもたらします（動物が実際どの程度眠いのか？　は分かりませんが…）。副作用が強いので投与には注意が必要です。また、この作用を拮抗させる（薬物による催眠作用を無くして意識を戻す）薬剤がアチパメゾール（写真2-9）になります。

➡ メデトミジン（写真2-8）など

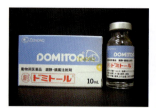
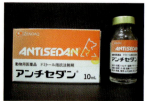

写真2-8　　　　　　写真2-9

鎮痛薬
Analgesics

痛み刺激に対する反応性をなくす薬。厳密には麻酔状態や意識消失状態をつくらずに、「痛みを感じない（もしくは痛みを和らげる）」ように働く薬のことをいいます。

➡ モルヒネ（写真2-10）、フェンタニル（写真2-11）、レミフェンタニル（写真2-12）、ブトルファノール（写真2-13）、ブプレノルフィン（写真2-14）、トラマドール（写真2-15）など

写真2-10　　　　　写真2-11

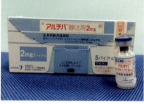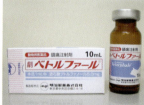

写真2-12　　　　　写真2-13

写真2-14　　　　　写真2-15

副交感神経遮断薬（抗コリン薬）
Anticholinergic drogs

副交感神経（迷走神経）刺激により生じる徐脈や心停止を防ぐ薬。唾液の分泌も抑制します。唾液量は減少しますが粘稠性（ネバネバの程度）は増加します。

➡ アトロピン（写真2-16）、グリコピロレート　など

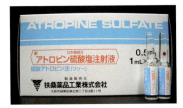

写真2-16

※各製剤のパッケージは変更になっている場合があります。

❸ 麻酔前投与薬

表2-9 各薬物の薬用量と効果の比較

	投与量	持続時間	鎮静作用	鎮痛作用	筋弛緩作用	副作用
トランキライザー						
アセプロマジン	0.03〜0.05mg/kg(i.m.)	3〜6時間	+	−	−	+
ドロペロドール	2.0〜2.9mg/kg（i.m.） 0.7〜1.7mg/kg(i.v.)	12時間	+	−	−	+
ジアゼパム	0.1〜0.5mg/kg(i.v.)	1〜3時間	+/−	?	+	+/−
ミダゾラム	0.1〜0.3mg/kg (i.m., i.v.)	1〜2時間	+/−	−	+	+/−
鎮静薬						
キシラジン	0.5〜1.0mg/kg(i.v.) 1.0〜2.0mg/kg(i.m.)	0.5〜1時間	++	+	+	++
メデトミジン	犬;20〜80μg/kg(i.m.) 猫;80〜150μg/kg(i.m.)	1.0〜1.5時間	++	+	+	++
鎮痛薬						
モルヒネ	犬;0.1〜0.3mg/kg (i.m., s.c.) 猫;0.05〜0.1mg/kg (i.m., i.v.)	4〜6時間	+	++	−	+
フェンタニル	犬;0.002〜0.01mg/kg(i.m., s.c.)	10〜45分	−	+++	−	+
レミフェンタニル	犬（術中鎮痛）：20-60μg/kg/時間 CRI* 犬（疼痛管理）：4-10μg/kg/時間 CRI					
ブトルファノール	0.2〜0.5mg/kg (i.m., i.v., s.c.)	1〜2時間	+/−	+	−	+/−
ブプレノルフィン	0.01〜0.02mg/kg (i.m., i.v., s.c.)	6〜8時間	+/−	+	−	+
トラマドール	投与量 2〜4mg/kg, i.v.	4〜5時間 (不明な点も多い)	+	+/−	−	+
副交感神経遮断薬						
アトロピン	0.03〜0.05mg/kg(i.m., i.v., s.c.)	1〜1.5時間				
グリコピロレート	0.01mg/kg(i.m., i.v., s.c.)	2〜4時間				

注1）一般的に「トランキライザー」と「鎮静薬」は混同して用いられることが多い。
注2）投与量（薬用量）はあくまでも一般的な目安であり、動物の状態や行う処置、併用する薬物によって適宜調整する。
注3）ミダゾラムやジアゼパムにはフルマゼニル（0.1mg/kg , i.v.）が拮抗薬として存在する。またメデトミジンの拮抗薬にはアチパメゾール（犬；メデトミジンの4〜6倍量、猫；メデトミジンの2〜4倍量）があり、作用が強力に出てしまったときや、すぐに作用を消したいときに、これらの拮抗薬を用いることができる。
略語 i.m.：筋肉内投与 i.v.：静脈内投与 s.c.：皮下投与 CRI：Constant Rate Infusion 定速静脈内投与（一定の速度で静脈内に持続投与をする方法）

どうして麻酔前投与薬の投与を行うの？

麻酔前投与薬を投与する理由について考えてみましょう！　麻酔導入の際や麻酔中に心拍数が正常に比べて大幅に下がるのは、誰もが「嫌な感じ」ですので、アトロピンの術前投与（いわゆる麻酔前投与）はこれまでも一般的に行われていました。しかし、麻酔前や手術前に鎮静薬や鎮痛薬を投与することは、あまり一般的ではありませんでした。これはどうしてでしょうか？　これまで、鎮静薬や鎮痛薬が麻酔前に投与されなかった理由としては、大きく二つが挙げられます。

一つは、これまでの「麻酔」という概念は**麻酔導入後から覚醒までの間**、つまり「手術を行っている間のみ」を対象としていたこと、そしてもう一つは、麻酔前に複数の薬剤を用いると、作用が複雑になり、生体にとって悪い作用があるのではないか？　と考えられていたためです。

しかし、これらの流れが変わりつつあるからこそ、今では、麻酔前投与薬の使用が一般的になってきているのです。

●過去と現在の「麻酔の概念」の違い

これまで「麻酔導入後から覚醒まで」を対象としていた麻酔管理の概念が、麻酔前の動物の状態の評価・管理から始まり、手術中・麻酔中はもちろんのこと、手術後の管理を含めた「**周術期管理**」という概念（図2-7）に変わってきました。このため、麻酔前に動物を穏やかに、安定した状態にできる麻酔前投与薬の投与は重要であると考えられるようになったのです。

●複数の薬剤を同時に投与する理由

これまでは複数の薬剤を麻酔前に投与すると、作用が複雑になるため、**麻酔の作用や動物の体に悪い影響がある**のではないか？　と考えられていました。

しかし実際は、トランキライザー、鎮静薬そして鎮痛薬を**それぞれ少ない用量で組み合わせて投与**すると、それぞれを単独で用いる場合より、より強力な作用がより少ない副作用で得られることが分かってきました。このため、複数の麻酔前投与薬が組み合わされて投与されるようになったのです。

また、麻酔前投与薬の投与により、その後に投与される**より作用の強い麻酔導入薬や麻酔維持薬の薬用量を減らす**ことも可能となるため、複数の麻酔前投与薬を組み合わせて用いることは非常に有益であると考えられるようになっています。

しかしすべての症例に対し、同じように麻酔前投与薬を投与するかといえば、そうではありません。動物の評価をしっかりと行い、**作用と副作用の両面を十分に考慮**した上で麻酔前投与薬を選択します。つまり、看護動物の状態によっては「麻酔前投与薬を投与しない」という選択がとられることもあるのです。

●複数の薬剤を同時に投与する意味

麻酔前投与薬を投与する目的は、「麻酔期の動物の安全性を高める」ことにあります。「**いかに動物のストレスを軽減するか**」がポイントとなります。具体的には以下の点が重要になります。

- 動物の不安や恐怖心を取り除く
- 動物の化学的保定を得る（薬により動きが緩慢となる）
- 円滑で安全な全身麻酔の導入を行えるようにする
- 動物、獣医師、動物看護師、すべての安全性を確保する
- 麻酔導入薬や全身麻酔維持薬など、作用が強く副作用も多い、より危険性の高い薬剤の使用量を下げて、安全性を高める

こうして、麻酔前に動物の状態が安定し、安全に麻酔導入が可能となった時点で、いよいよ全身麻酔の導入を行います。

手術前（麻酔前） Preoperative	手術中（麻酔中） Operation	手術後（麻酔後） Postoperative
・飼い主の来院 ・問診 ・身体検査、各種検査 ・状態の補正 　－投薬・輸液・輸血など ・術前鎮痛薬の検討	・麻酔前投与薬投与 ・全身麻酔／局所麻酔 ・鎮痛薬／循環補助薬 ・手術 ・輸液・輸血 ・患者モニター	・手術終了 ・麻酔からの覚醒 ・術後の管理／入院 　－術後疼痛管理など

麻酔前〜麻酔中〜麻酔後のすべてのステージが"等しく重要"と考えて看視・管理を行うこと！

図2-7　周術期管理の概念

- 「動物が寝てしまう前に最終的に投与する薬」が麻酔前投与薬。
- 動物のストレスの軽減と、スタッフ全員の安全確保のためトランキライザー、鎮静薬、鎮痛薬、副交感神経遮断薬が一般的に用いられる。
- 麻酔前投与薬の投与によって「期待される作用」と「生じる副作用のバランス」を考えて、投与量や投与するかしないかについて検討する。

4 麻酔導入

本項からは、いよいよ動物に全身麻酔をかけていくところになります。全身麻酔の中での「麻酔導入」は、この後の「麻酔維持」「麻酔モニター」へと続く大事な部分ですから、その手順や意味などについてしっかりと理解しましょう！ とても重要な部分ですので、詳しく解説していきます。まず「麻酔導入の意味とその手順」からです。

麻酔導入って？

まずは、「麻酔導入」（Anesthetic Induction）の定義について考えてみましょう。手元にある辞書を引いてみると、麻酔導入とは「麻酔を開始してから、それが外科的手法を行うのに十分な麻酔深度に達する期間」というように書かれています。難しい表現ですが、簡単に考えると「起きている（覚醒状態にある）動物を、薬物を使って催眠状態（麻酔状態）へ持っていき、安定させること」と考えれば良いわけです。

このように、動物の状態の劇的な変化（起きている→眠っている）を強制的に薬を用いて引き起こす作業ですから、麻酔の流れの中で危険度の高い部分であることが分かると思います。

全身麻酔の流れを飛行機のフライトに例えれば、「麻酔導入は離陸」「麻酔維持はフライト中」、そして「麻酔からの覚醒は着陸」といったところでしょうか？ 余談になりますが、飛行機事故のうち約40％は離陸時に起きているといわれていることをご存じでしたか？ そう考えると、麻酔導入も同じくらいの危険度であると認識し、気持ちを新たにしたほうが良いかもしれないですね。

もっとも、2008年に発表された「獣医学領域における麻酔関連事故に関する論文」では、麻酔関連事故の最も多い時期は麻酔（手術）中であり、次いで麻酔終了後0～3時間と報告されていますので、必ずしもフライトと麻酔が一致するわけではありませんが……。

麻酔導入の方法にはどんなものがある？

麻酔薬を使って意識を消失させる麻酔導入ですが、どんな方法があるでしょうか？ 実際に皆さんが行っている方法を思い出しながら読んでみてください。

麻酔導入して気管内挿管を行うやり方[※1]には、大きく二つのやり方があります。一つは「急速導入法」、もう一つは「緩徐導入法」[※2]です。

●急速導入法

静脈麻酔薬（チオペンタール、プロポフォール、アルファキサロンなど）を静脈内に投与し、急速に意識を消失させ気管内挿管を行い、麻酔維持へ移行させるやり方。現在、多くの病院ではこのやり方が主流だと思います。

●緩徐導入法

吸入麻酔薬を用いて、吸入濃度を徐々に上げて麻酔深

度を深くし意識消失・気管内挿管を行い、麻酔維持へ移行させるやり方。気性の荒い犬・猫や保定の難しい子犬・子猫、エキゾチックアニマル（ハムスターやウサギなど）の場合に行うボックス導入（写真2-17）やマスク導入（写真2-18）はこのタイプの導入方法です。非常に「非協力的」である猫の場合、キャリーやケージに入った状態でその全体を覆う袋のようなものを被せ、揮発性麻酔薬を最大濃度でかがせて鎮静→導入状態へと移行させることも可能です。しかし、ボックス導入よりもさらに動物の状態が確認しにくいことや、動物を取りだす際に麻酔管理者自身が揮発性麻酔薬を吸入してしまう危険性があるので十分注意しなければなりません！

起きている動物が麻酔によって眠ってしまう（眠らされる）過程は図2-8のような流れが生じます。この際、意識の変化により発揚期（はつようき）と呼ばれる無意識の興奮期を必ず通過することになります。ここをいかに速やかに通過させられるかで麻酔導入のスムーズさは決まってきます。もう、何となく分かると思いますが、一気に急速に麻酔状態をつくり出す急速導入法のほうがこの発揚期の発現の程度は低くなります。

※1 気管内挿管方法の種類
　全身麻酔導入に伴い、看護動物の多くは呼吸抑制や呼吸停止の状態が生じます。このため何らかの手段で気道確保および人工呼吸が必要となることが多く、マスクを用いる換気、気管内挿管をしてからの換気のいずれかの方法がとられます。多くの場合、気道確保や呼吸管理、誤嚥防止のいずれも確実に行うことができる気管内挿管を行った換気方法が取られます。厳密にはこの気管内挿管を行うための麻酔導入方法の分類として「急速導入法」「緩徐導入法」が用いられますが、獣医学領域では一般的な麻酔導入法＝急速導入法or緩徐導入法と理解してもらって構いません。

※2 緩徐導入法
　これまでは吸入麻酔薬の濃度を徐々に上げていってゆっくり（＝緩徐に）導入する方法を「緩徐導入法」といい、これに対し静脈麻酔薬を用いれば「急速導入法」という分類をしていました。しかし、最近ではイソフルランやセボフルランなどの吸入麻酔薬を用いて、初めから比較的高濃度で麻酔を吸わせ、短時間で麻酔導入が行われるようになってきているため、必ずしも吸入麻酔薬を用いる＝緩徐導入法という分類ではなくなってきています。

第2章 ④ 麻酔導入

箱の中に動物を入れ、麻酔器と連結させて吸入麻酔を流して麻酔導入を行う

適切なサイズのボックスがない場合、キャリーをビニール袋などで包み、麻酔器と接続させて簡易的なボックスとして用いることも可能（人が麻酔薬を吸入してしまう量が多くなることに注意）

写真2-17　ボックス麻酔の概要とボックスの代用

動物の鼻・口とマスクを密着させて麻酔薬を吸入させる。導入の初期には興奮状態となり暴れてしまうことが多い

写真2-18　マスクを用いた導入

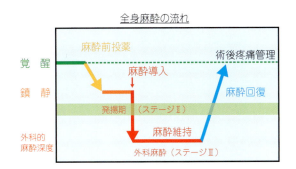
図2-8　麻酔導入における興奮（発揚）

麻酔導入に必要なものとは？

では次に、麻酔導入に必要なものについて考えてみましょう。前述の通り、多くの動物病院では麻酔導入後、気管内挿管をし麻酔維持・手術という流れ（図2-9）になりますから、**手術を行うときに準備するもの**（手術の器具以外）を思い浮かべてもらえれば良いわけです。

では、この準備でもっとも大切なことは何でしょうか？ それは「**準備し忘れがない**」ようにすることです。麻酔導入の流れを頭に常に思い浮かべながら、準備したものを**一つひとつ指差し確認**することが、事故を未然に防ぐポイントとなるのです。できることならば複数の人でチェックし、「いつも通り準備したはず」といった先入観による準備忘れがないように注意しましょう。

●麻酔導入に必要なものの準備とチェック

- 留置針（インジェクションプラグ、テープ類などの一式　写真2-19）
- 麻酔導入薬（直前にもう一度、薬用量をチェック！）
- 気管チューブ、喉頭鏡、スタイレット（チューブサイズなどのチェック　写真2-20）
- カフ用シリンジ（カフの膨らみ・漏れのチェック、入れる空気の量のチェック　写真2-21・2-22）

適切なカフの膨らみ具合についても、ヒト医療では報告がなされています。5cmH₂O以上の圧で維持をし続けると、気道粘膜が虚血性のダメージを受けてしまうと

麻酔導入の流れ

1. 動物に設置された留置針、心電図パッドなどの異常がないことを確認
2. 麻酔導入を行う直前にまで動物に酸素をかがせて十分に酸素化させる
3. 導入直前の動物の状態のチェック（特に心拍、脈拍、呼吸数、粘膜の色など）
4. 導入薬の投与（静脈内もしくは吸入）
5. 動物の状態を確認しながら十分な意識の消失を確認後、気管内挿管
6. きちんと挿管されていることを確認し、維持麻酔へ移行
7. 導入直後の動物の状態をチェック

図2-9　麻酔導入の流れ

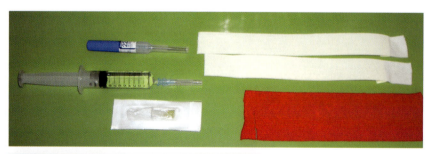

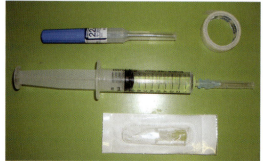

写真2-19　留置針のセット一式

いわれているため、"適切な状態"のカフの圧についても調べておくと良いでしょう（一般的には、耳たぶの硬さという認識でしょうか）。

モニター類や麻酔器のチェックは事前および直前に行っておくことが大切です。

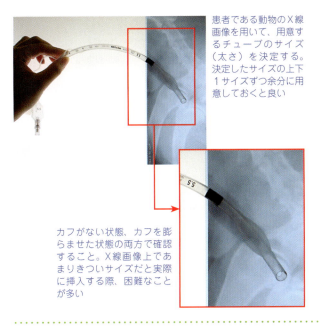
患者である動物のX線画像を用いて、用意するチューブのサイズ（太さ）を決定する。決定したサイズの上下1サイズずつ余分に用意しておくと良い

カフがない状態、カフを膨らませた状態の両方で確認すること。X線画像上であまりきついサイズだと実際に挿入する際、困難なことが多い

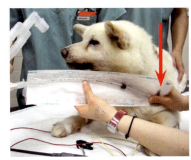
チューブをどこまで入れるか？の確認。大体、肩甲骨の前縁くらい（→）が目安となる

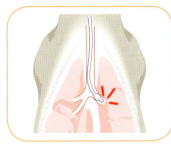
あまり奥まで挿管してしまうと片側の肺のみが換気される状態になってしまう。入れすぎないように注意！

第2章
❹ 麻酔導入

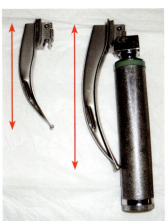
喉頭鏡は動物のサイズに合わせいくつかブレードの長さの異なるもの（↔）を準備しておく

必ず使用前にライトが着くことを確認すること

動物のノド（喉頭部）までブレードが到達可能かどうかの確認も忘れないように

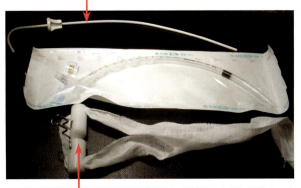
細い気管チューブ（4Fr程度）や猫の挿管のときに用いるスタイレット（気管チューブの中に通す"支持棒"のような役割をするもの）

チューブを抜くときに動物がチューブを咬まないようにするバイトブロック

挿管時に必要な用具一式の確認

写真2-20　チューブ類のチェック

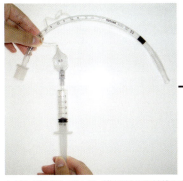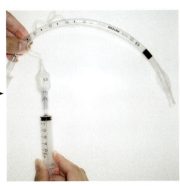
シリンジを用いてカフ（先端部の風船状の部分）に空気を入れ、膨らんだ状態で維持されることを確認。チューブサイズの確認と一緒に、どのくらいの量の空気を入れれば適切な状態で膨らむか入れる空気の量もチェックする

写真2-21　チューブのカフチェック

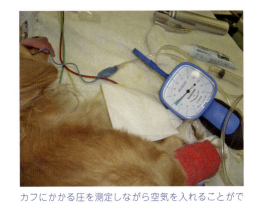
カフにかかる圧を測定しながら空気を入れることができる

写真2-22　カフ圧計（エンドテスト）

45

麻酔導入のタイミングは？

　いよいよ麻酔導入です。適切な麻酔導入のタイミング、つまり、気管内挿管のタイミングについて考えてみましょう。普段、皆さんは麻酔導入のとき、動物のどんな状態に着目して、それを麻酔導入をしている獣医師へ伝えていますか？　獣医師は何を指標に「よし！　挿管できる!!」と判断し、気管内へチューブを入れているのでしょうか？

　多くの教科書などには「十分な麻酔深度が得られ、動物の意識の消失を確認した後に気管内挿管を行う」と書かれています。では、どのような動物の状態が「十分な麻酔深度が得られた状態」なのでしょうか？

　気管内挿管の際には口を開け、舌を引き出し、喉を開きます。この操作に対して抵抗性を示さない状態が、適切な気管内挿管のタイミングなのです。

　目安として次の状態であれば、気管内挿管は可能である！　と判断できます。

> 舌をつかんで引き出し、口を開けようとしたときに
> ・開口（口を開けること）に抵抗がない
> 　（力を入れずに口を開くことができる）
> ・噛む動作、飲み込む動作をしない

　この状態へ移行させている（麻酔導入薬を投与している）間も、もちろん心拍数や脈拍、呼吸数と呼吸の深さ、粘膜の色、CRTなどのチェックは忘れないようにしましょう。

　つまり麻酔導入をしている間、補助をしている皆さんは、動物の状態をみながら、「呼吸大丈夫です。心拍・脈拍大丈夫です。口を開くのにまだ抵抗します」などと常に獣医師へ伝え、何か異常が生じたら「呼吸止まっています」とか「心拍遅くなってきました」などを瞬時に正確に伝え、対応できるようにしておきましょう。

麻酔導入前になぜ酸素をかがせるの？

　保定に対してひどく抵抗する動物を除き、多くの場合、皆さんは、麻酔前の動物には100％酸素をかがせて（吸わせて）いることと思います。その目的は何でしょうか。考えてみたことがありますか？

　100％酸素（純酸素）をかがせる目的は、「麻酔前に機能的残気量※3に相当する部分の窒素を主成分とした空気を酸素と置換しておくこと」にあります。ちょっと難しいですね。簡単にいえば「息を吐いた後に残る肺の中の酸素の量を増やしておく」とでも考えれば良いでしょうか。では、このように、肺の中の空気を酸素に換えておくことでどのような利点があるのでしょうか。

　その利点とは「**麻酔導入・挿管時の無呼吸状態に耐えられる時間を長引かせることができる**」というところにあります。イメージとしては、いきなり今、急に「はい、息を止めて！」といわれて息を止めていられる時間と、「今から息を止めてもらいますから、何回か大きく深呼吸してくださいね。では、最後に大きく息を吸って……はい、止めてください!!」といわれてから息を止めた場合とでは、どちらが長く息を止めていられるかを考えてみれば良い※4わけです。

　麻酔導入の場合に生じる無呼吸は、麻酔導入薬（p.48・49参照）により強制的に生じた無呼吸（呼吸停止）ですから、苦しくなったからといって呼吸の再開ができません。どれだけの時間息をしないで耐えることができるか、その時間を長くすることが可能となる酸素化の重要性を分かってもらえましたか？

※3　**機能的残気量**
　安静呼吸中において、息を吐いてしまったときに肺内に残っている肺容量のこと。一般的には45mL／kgの量で、肺の中には空気（多くは窒素）が残ります。息を吐ききっても肺はぺちゃんこに潰れるわけではないのです。

※4　機能的残気量はあくまでも「安静時の呼吸における状態」についての話ですから、今回の「大きく息を吸って」などとは厳密には異なります。

効果的な酸素のかがせ方は？

麻酔導入前にかがせた酸素の効果が十分に得られるのは、肺や動脈血、各組織そして静脈血に十分に酸素が行き渡ったときと考えられます。ヒトの場合、「マスクを患者さんにぴったりと当てて、漏れがないように100％酸素を3〜5分以上吸わせる」と、体に酸素が行き渡った状態にすることができるといわれています（図2-10）。

では、動物の場合にはどうでしょうか？ **酸素をかがせる時間や方法はヒトと同じ**で間違いはありません。しかし、実際の現場で働く皆さんは、「動物にマスクをぴったりと密着させて十分な時間酸素をかがせる」ことがどれだけ大変か経験されていますよね。では、どのようにしたら効果的に動物に十分な酸素をかがせることができるのでしょうか？

おとなしい動物や状態の悪い動物、そして鎮静状態にある動物であれば、理想の形として動物の鼻・口がしっかりと覆われるようにマスクを密着させ、酸素をかがせる（写真2-23）ようにすれば、効果的に酸素化の効果が得られます。

マスクを嫌がるコや、保定に抵抗するコの場合には「**5cm・5L**」の効果を覚えておいてください。これは「動物の鼻先から5cmのところで、5L／minの流速で酸素を流して酸素をかがせれば（写真2-24）、十分な酸素化の効果が得られる」というものです[※5]。酸素は重力に従い、下の方向へ流れる傾向がありますから、動物の少し上から5cm離して5L/minで酸素をかがせてあげてください。

※5　5cm・5Lの効果
この研究結果は、北里大学小動物第2外科学研究室の岡野昇三教授の研究として発表されています。
（第68回　獣医麻酔外科学会講演要旨集＜2004年6月＞）

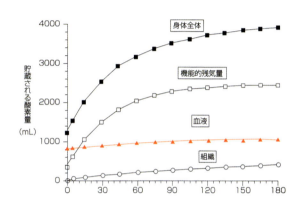

通常の一回換気量で100％酸素を吸入させると、約3分で約4Lが体内に貯蔵される。吸入の効率が悪い（マスクがちゃんとフィットしていなかったり、吸入中に暴れたりする）と、さらに時間がかかる

図2-10　導入前の酸素化で体内に貯蔵される酸素量

動物の鼻と口にマスクを密着させ、十分な酸素が吸えるようにする
写真2-23　動物の酸素化

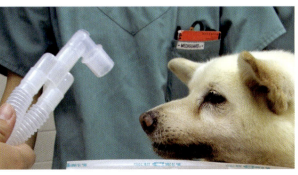

5cm・5Lの効果
暴れる動物などは、鼻先から5cm離した位置で5L/minの酸素を流して吸わせれば、酸素化の効果を得ることができる
写真2-24　動物の酸素化

ちなみに、ヒトの場合では麻酔導入前の酸素化の際に、通常の呼吸で行った場合と深呼吸で行った場合とでは、呼吸や新鮮ガス流量の維持に違いが見られるといわれています。図2-11は呼吸方法の違いが呼気終末酸素濃度の与える影響について示していますが、この図からは、
・通常の呼吸方法だと呼気酸素濃度が十分に上昇するには時間がかかる
・深呼吸をしてもらうと呼気酸素濃度の上昇を加速させることができる
・深呼吸では、1分以内に呼気酸素濃度を80％以上に上昇させることができる
・酸素流量を7L／minとか、10L／minの交流量にしてもさほど効果は変わらない
ということが分かります。少し難しい内容ですが参考にしていただき、動物の効果的な酸素化を皆さんで考えてもらえたら嬉しいです！

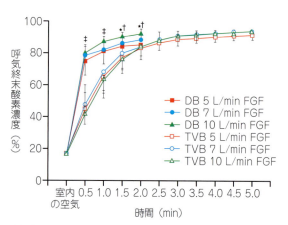

略語説明
DB：Deep Breath　深呼吸
TVB：Tidal Volume　1回換気（通常の呼吸）
FGF：Fresh Gas Flow　新鮮ガス（純酸素）流量

図2-11　呼吸方法の違いによる体の酸素化の効果の差
(Nimmagadda U et al. (2001)：Preoxygenation with tidal volume and deep breathing techniques: the impact of duration of breathing and fresh gas flow. Anesth Analg 92(5):1337-41より引用、一部改変)

代表的な麻酔導入薬

　ここからは麻酔導入時に用いられることの多い代表的な薬について説明します。

●バルビツレート（バルビツール酸塩）
　抗てんかん薬として用いられる「フェノバルビタール」（フェノバール®）もこの分類に含まれます。作用時間により長時間作用型（持続時間6～12時間）、短時間作用型（持続時間1～3時間）、超短時間作用型（持続時間10～20分）に分けられますが、麻酔導入薬として用いられるのは超短時間作用型のチオペンタールやサイアミラール（写真2-25）が一般的です。

薬用量　8～13mg/kg[※6]
薬理作用
・GABA受容体へ作用し、中枢神経の抑制作用を生じる
・最大効果は投与後15～30秒で現れてくる
・肝臓のチトクロームP-450で代謝される
・脳保護作用[※7]がある
副作用と注意すべき点
・循環抑制：血圧低下、心拍数増加、不整脈
　⮕程度は動物の状態によりさまざま
　　特別な対処を必要としないことが多い
　　投与量を減らすと、副作用の発現も減少
　🔧麻酔前投与薬を使用すると良い

・呼吸抑制：強い呼吸抑制（呼吸中枢の抑制）
　⮕投与速度が高いと発現しやすい
　　投与量を減らすと、副作用の発現も減少
　🔧麻酔前投与薬を使用すると良い
　　麻酔導入の際には必ず気管内挿管の準備をしておく

そのほか
・脾臓の血管拡張による脾腫
・肥満の動物では麻酔深度が深くなりやすく覚醒が遅延しやすい
　🔧「理想体重」に基づいた薬用量（投与量）の計算が重要
・サイトハウンド[※8]では薬物代謝が遅く、覚醒が遅延する

写真2-25　サイアミラール

- アルカリ性が強いため血管外に漏らすと組織の障害を生じる

●プロポフォール（マイラン）

2002年より日本の獣医療領域でも使用可能となった麻酔導入薬です。脂肪にしか溶けないため、大豆油や卵黄レシチンなどで溶解してあり、真っ白な液体となっています（写真2-26）。持続投与で使用することで維持麻酔として用いることも可能であるなど、これまでの注射麻酔薬と少し異なった特徴を持っています。

余談ですが、この薬を日本へ導入するための治験などに携わったのをきっかけに、筆者は麻酔の道へ深く入り込むようになりました。博士論文の内容がプロポフォールであったこともあり、筆者にとっては非常に思い出深い薬です。

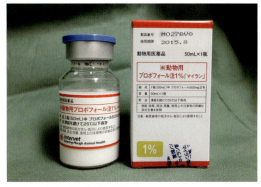
写真2-26　プロポフォール

薬用量　犬　5.5～7.0mg/kg
　　　　　猫　8～13.2mg/kg

薬理作用
- GABA受容体へ作用し中枢神経の抑制作用を生じる
- 最大効果は投与後すぐ（～30秒）に現れてくる
- 主に肝臓で代謝されるが、それ以外の臓器でも代謝される
- 脳保護作用がある
- 胎子も代謝できる
- 薬用量より少ない量の投与により、食欲が増すという報告あり

副作用と注意すべき点
- 循環抑制：血圧低下、心筋の直接抑制
   ➡ アトロピンなどの投与により対処
- 呼吸抑制：非常に強い呼吸抑制（呼吸中枢の抑制）
   ➡ 投与速度が高いと発現しやすい
   ⛔ 効果の発現をみながらゆっくり投与
      投与量を減らすと、副作用としての呼吸抑制の発現も減少
   ⛔ 麻酔前投与薬を使用すると良い

麻酔導入の際には必ず気管内挿管の準備をしておく

そのほか
- 保存剤が含まれないため、開封後24時間以内に使用
- 鎮痛作用はない
   ⛔ 痛みを伴う処置の際には鎮痛薬の投与が必要
      サイトハウンドでも安全に使用可
      血管外に漏らしても組織障害は生じない

●アルファキサロン

2013年12月に日本で承認された新しい犬猫用注射麻酔薬です。神経ステロイド系麻酔薬に分類されます。ヒドロキシ-プロピル-β-シクロデキストリンを溶媒とし、アレルギー反応や組織刺激性がないのが特徴です。

薬用量　犬　2～3mg/kg
　　　　　猫　5mg/kg

薬理作用
- GABA受容体に結合することで麻酔効果を発現
- 非常に速やかな麻酔導入が得られ、循環・呼吸抑制が少ない
- 肝臓で代謝、腎臓から排泄される
- 新生仔（生後12週齢）から使用可能
- 反復・持続投与時の累積性がない

そのほか
- 開封後も保存が可能

※6　薬用量の調整
チオペンタールやサイアミラールは粉末状で市販されており、付属の注射用蒸留水で溶解し用いることが多い。このとき2～10％の濃度となるように溶解し用いること。濃度が濃いほど、血管外へ漏らしたときの組織障害も大きくなるため注意が必要です。

※7　脳保護作用
脳の酸素消費量低下、頭蓋内圧低下、脳還流圧の維持を保てる状況のこと。例えばケタミンは、頭蓋内圧を上昇させてしまうので、脳保護という観点から考えるとあまり良くない薬ということになります。

※8　サイトハウンド
遠くの獲物をまず視力で発見し、追いかけて捕らえるタイプの犬のことで、背が高くやせており体がしなやかで脚の長い体型をしています。アフガン・ハウンドやボルゾイ、サルーキ、グレーハウンドなどがこれに含まれます。相対的な筋肉量が少ないことや体脂肪が少ないこと、肝臓での薬物代謝が十分でないことが、チオペンタールやサイアミラールからの覚醒を遅延させる要因であると考えられています。

気管内挿管の補助のポイントは？

麻酔導入の際、何に気を付けて気管内挿管の補助を行えば良いでしょうか？ いつも何に気を付けて動物の保定（挿管補助）をしていますか？

挿管の補助（実際に挿管する場合も）においてもっとも大事なことは、「挿管する部位の解剖学的構造をしっかりと理解する」（図2-12）ということです。

「解剖を理解する」というと非常に難しく考えてしまい、やれ喉頭蓋だの被裂軟骨だの声帯ヒダだの……と難しい解剖学的用語を覚えなければならないのか…と心配になりますが、そうではなく「どこをどのようにみて、どう入れるか？」が分かるように補助ができれば良いのです。解剖学的用語は、説明の際に「ほら、あそこのヒダヒダが…」などとあいまいな説明にならないための共通言語だと、ひとまずは思ってください。

●挿管の補助のポイント

- しっかりと麻酔がかかって導入可能な状態であることを確認する
- 口を十分に開け、舌をしっかりと引き伸ばし、喉も伸ばす（写真2-27）
- 挿管者と動物の体が一直線上に並ぶようにする
- 挿管のタイミングに合わせて、看護動物の胸をやさしく押す
- ⇒ 胸を押すことで空気が喉へと押しやられるため喉頭の部分が開く（図2-13）。そのため気管がみやすくなる

気管内挿管が終了したらすぐに"きちんと気管に入っているか？"を確認し、麻酔回路につなぎます。挿管がしっかりできているかの確認方法はいくつかあります（写真2-28）ので、スタッフの皆さんで確認するようにしましょう！

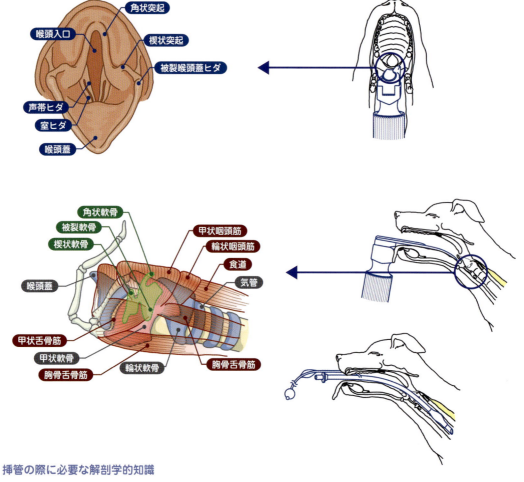

図2-12 挿管の際に必要な解剖学的知識

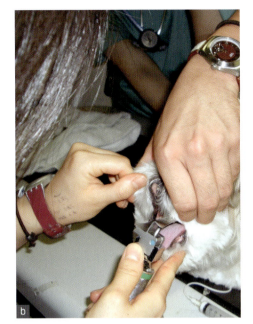

口を大きく開け、下をしっかり引き出す（a）。顎を伸ばし、挿管者が動物と一直線になるように位置する（b）

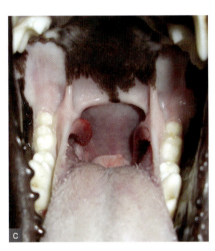
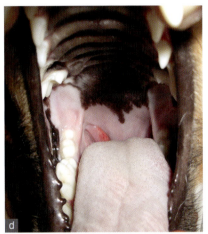
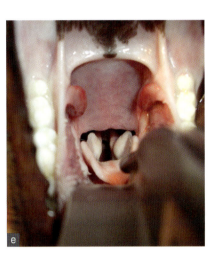

しっかりと舌を引き出し、頸を伸ばした場合（c）と、そうでない場合（d）の喉のみえ方の違い。喉頭鏡で喉頭蓋を押し下げると挿管部位がよくみえてくる（e）

写真2-27　気管内挿管の際の動物の保定

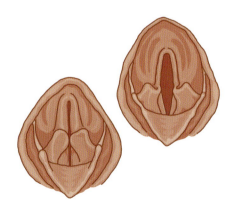

胸を押すことにより空気が喉へと押しやられ、声帯ヒダが開き（右）、気管へのアプローチが楽になる

図2-13　挿管のタイミングに合わせて胸を押すことの効果

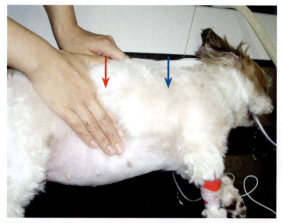 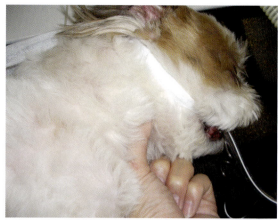

挿管終了後、最後肋骨の後ろ（→）に手を置き、軽く押した状態で、強制換気をしてもらう（麻酔器の呼吸バッグを押してもらう）。きちんと気管に入っていれば、肩甲骨のあたり（→）が呼吸バッグの動きに合わせて上下に動く。食道に挿管されていると押している手の部分が上下する

挿管後、喉の部分を触り、チューブの存在を確認する。通常の状態では食道はやわらかいチューブ、気管は軟骨を持つ比較的硬いチューブであるため、きちんと気管内に挿管されていれば、触れる硬い管状のものは1本のはず。
もし、食道に気管チューブが入ってしまっていると、食道が気管チューブで支えられ硬くなるため、触れる硬い管状のものが2本となる。
また肺に聴診器をあて、呼吸バッグを押してもらい、呼吸音がしっかり両肺に聞こえることを確認することも重要！

写真2-28　挿管のチェック

ここでのポイント

- 麻酔導入とは「起きている動物を薬を使って麻酔状態へと移行させる」重要な操作。麻酔管理において、重要で危険が伴うステージであることを忘れない。
- 麻酔導入時に何かが足りない！　というのは致命的。準備忘れがないようにチェックを怠らないように。
- 適切な麻酔導入のタイミングがしっかり分かるよう、導入している間の動物の状態の変化には細心の注意を払い、素早く正確に伝える。そして、異常に対してすぐに対応できるようにしておく。
- 麻酔導入により生じる無呼吸（呼吸停止）の状態に耐えられる時間を長くできるよう、導入前から十分に酸素をかがせておく。
- 酸素をかがせる際にはおとなしいコであれば、マスクと鼻・口をしっかりと密着させる。暴れるコや保定が難しいコであれば、5cm・5Lの効果を実践する。
- 気管内挿管の補助の際には口をしっかり開け、舌をしっかり引き出し、喉をしっかりと伸ばすようにする。
- 挿管のタイミングに合わせて胸を押し、気道がみえやすくなるようにする。

※犬・猫の心肺蘇生ガイドライン（RECOVER Guideline〈p.156参照〉）では、"心臓マッサージをしながら気管内挿管をできるように"というように書かれています。動物が横になった状態でも気管内挿管できるように、その補助のポイントについても理解しておくようにしましょう。注意すべきポイントは同じです。

第3章

安全な麻酔維持のために

1. モニタリングの目的
2. 麻酔モニターの実際①
3. 麻酔モニターの実際②
4. そのほかの麻酔モニター

1 モニタリングの目的

前章までで、動物に気管内挿管をして麻酔導入を行うところまでのおさらいができました。ちょっとしたコツ、注意点なども含めた説明でしたが理解できていますか？　まずは「頭で理解」、そして次は「実践で身に付ける」の流れで頑張っていきましょう！　ここからは、全身麻酔状態の維持についてです。もっとも緊張する麻酔導入部を経た段階ですので、「ほっとひと安心」と思ってしまいがちですが、注意すべき点はたくさんあります。

麻酔維持のイメージ

前章でも記しましたが、全身麻酔の流れはよく「飛行機のフライト」に例えられることがあります。筆者も含め、皆さんがいちばん緊張する「麻酔導入」は、いわば離陸の部分で、実際、ここで多くの飛行機事故が起こっているといわれるように、麻酔に関連する事故もここで起こる場合が多いのです。

これに対して、「麻酔維持中」はフライト中と例えることができます。この間は、飛行機でも飛行中の大部分はオートパイロット（自動操縦）の状態で操縦され、事故が起きにくい状況にあります。これと同様の状況で、麻酔維持中もきちんと気道確保（気管チューブの挿管）や適切な呼吸管理、麻酔深度での維持がなされていれば、事故は起きにくいというイメージがありますが、それは本当でしょうか？　もちろん答えは「NO！」ですね。

フライト中、オートパイロットの状態でも、操縦士や副操縦士は「ぼーっ」としていたり、ましてや眠っていたりすることはありません。実際に飛行機を操縦したことがないため想像での話になってしまいますが、おそらく雲の状態や風の状況などをみて、さまざまな計器（速度計、高度計、レーダーなど）に目を配り、「安全なフライト」を心掛けているはずです。

つまり麻酔中も、「安全なフライト」＝「安全な麻酔維持」を行うためには、動物の状況（状態）や手術操作などをみて、考えながら、さまざまな計器（心電図などのモニター）に目を配り、安全な状態を保つようにしなければなりません。麻酔維持中も気は抜けないというイメージをぜひつかんでください！

「安全な麻酔維持」確保のために必要なことは？

では、麻酔中の安全は何によって確保されるのか？を考えてみましょう。麻酔においてもっとも大事なことは「患者である動物の命を守ること」であり、いかにして「危険を察知しそれを避けるか？」が重要なポイントになります。このために、術前（麻酔前）の確実な情報収集分析と徹底したモニタリングが必要になります。

術前（麻酔前）の情報収集分析のポイントについては第2章の②「麻酔前の動物の評価」を参照していただくとして、ここでは、安全確保のために必要な「モニタリングの重要性」について説明しようと思います。

「モニターは重要だ」と多くの書籍にも書かれていますし、そのことは理解されていると思います。しかし、「モニタリング」とひとくくりにされてしまうその内容について、何を使って（モニターとして使用する機械）、どこをみて、どのようであれば「安全」といえるのか？　十分理解できているでしょうか？

ヒト医学領域におけるモニタリングの指針

安全な麻酔を行うための指針、つまり、安全な麻酔を進める上での頼り、参考となる基本的な手引きとしてはどんなものがあるでしょうか？　まずはヒト医学の分野からみてみましょう。

ヒト医療の麻酔科では1993年4月に日本麻酔科学会が「安全な麻酔のためのモニター指針」を公表し、これをしっかり守るように呼びかけています。内容としては以下の通りで、随分と細かく決められているのが分かると思います。

①現場に麻酔を担当する医師がいて絶えず監視すること
②酸素化のチェックについて
- 皮膚、粘膜、血液の色などを監視すること
- パルスオキシメーターを装着すること

③換気のチェックについて
- 胸郭や呼吸バッグの動きおよび呼吸音を監視すること
- 全身麻酔※1ではカプノメーターを装着すること
- 換気量モニターを適宜使用することが望ましい

④循環のチェックについて
- 心音、動脈の触診、動脈波形または脈波のいずれか一つを監視すること
- 血圧測定を行うこと：
  →原則として5分間隔で測定し、必要ならば頻回に測定
  →観血的血圧測定は必要に応じて行う

⑤体温のチェックについて
- 体温測定を行うこと

⑥筋弛緩のチェックについて
- 筋弛緩モニターは必要に応じて行う

※1　全身麻酔使用時は、日本麻酔科学会作成の「点検指針」（p.31参照）に従って始業点検を実施すること

獣医学領域におけるモニタリングの指針

では次に、獣医学領域での安全な麻酔管理のための指針について考えてみましょう。ヒト医療におけるガイドラインのように明文化され、比較的強い意味あいを持つものはなく、獣医学領域においては正直なところ、安全な麻酔管理に関する「最低基準」は定められていません。つまり、各自・各施設の裁量に委ねられているので、裏を返せば、どのようなやり方をしても良いということになっているのです。

しかし、「犬・猫の臨床例に安全な全身麻酔を行うためのモニタリング指針」（図3-1）が作成されました（2012年6月）。これにより、臨床の現場でこれまであまり記録されてこなかった情報が蓄積され、動物にとってより良い麻酔、より良い診療が行われるようになることを願っています。以下に発表された指針を掲載するので、ぜひ実際の麻酔の現場でも役立ててみてください。

そして、指針が発表されたとはいえ、「安全な麻酔管理」つまり「動物の命を守る麻酔管理」を考えれば、逆に皆さんから「安全に麻酔を行うためにはどうしたら良いの？」という声が聞こえてきそうですね。ということで、次は獣医学領域における麻酔モニタリングの大切さとポイントについて各項目ごとに確認していきたいと思います。

全身麻酔管理の目的は、「全身麻酔下の動物の安全を守る」、「検査や手術が円滑に進行する場を提供する」ことにある。したがって、麻酔を担当する獣医師は、麻酔深度を適切に維持すると同時に、動物の呼吸・循環・代謝などを可能な限り正常範囲に維持することが要求される。獣医麻酔外科学会では、全身麻酔中の動物の安全を維持するために、以下の看視（モニタリング）の実施を推奨する。

1) 麻酔看視係の配置と麻酔記録：麻酔看視係を配置し、動物の麻酔深度および呼吸循環状態を五感とモニタリング機器によって絶え間なく看視する。動物の状態が変化した場合には、麻酔看視係は麻酔担当獣医師に警告できるようにする。麻酔看視係は麻酔記録に麻酔実施日時、患者情報、投与したすべての薬物名と投与量、および投与経路、そして使用した麻酔器（回路）とガスの種類および流量を記録するとともに、以下のモニタリング項目を定期的（少なくとも5分毎）に麻酔開始時から動物が麻酔から回復するまでの間記録する。
2) 五感を用いたモニタリング：全身麻酔下の動物の眼瞼および角膜反射、瞳孔の大きさ、心音と呼吸音、脈圧、心拍数または脈拍数、呼吸数および呼吸様式、可視粘膜の色調、毛細血管再充填時間（CRT）、筋肉の緊張度などを人の五感を駆使して看視する。
3) 循環のモニタリング：心拍数（脈拍数）および動脈血圧の測定を行うこと。必要に応じて観血式動脈血圧測定を実施する。心電図モニター、心音、心拍数（脈拍数）、動脈の触診、動脈波形、または脈波（ブレスチモグラフ）のいずれかを連続的に看視すること。心調律の看視には心電図モニターを用いること。数値の測定と記録は原則として5分間隔で行い、必要ならば頻回に実施すること。また、必要に応じて尿量の測定と記録を30分ごとに行う。
4) 酸素化のモニタリング：可視粘膜、血液の色などを看視する。酸素化と脈拍数を同時に把握できるパルスオキシメータの装着を推奨する。
5) 換気のモニタリング：呼吸数、呼吸音、および換気様式（胸郭や呼吸バッグの動きなど）を看視する。動物の気道を確保し、カプノメーターを装着することを推奨する。換気量モニターを適宜使用することが望ましい。
6) 体温のモニタリング：体温測定を行うこと。
7) 筋弛緩のモニタリング：筋弛緩モニターは、筋弛緩薬を使用する場合になど必要に応じて行う。
8) 麻酔回復期の動物のモニタリング：全身麻酔薬の投与終了後に呼吸循環状態が安定した動物を麻酔看視係が連続的に看視できない場合には、自力で頭を支持できるようになるまで、定期的（少なくとも5分毎）に動物の状態を確認する。

図3-1　獣医麻酔外科学会「犬および猫の臨床例に安全な全身麻酔を行うためのモニタリング指針」　※許可を得て全文を転載

麻酔中のモニタリングの目的とみるべきポイント

まず最初に、基本中の基本になりますが、麻酔中のモニタリングの目的は何か？ についてもう一度考えてみましょう。これまでも、ずっと述べてきたように「麻酔中の危険を察知し、それを避け、麻酔中の動物の命の安全を確保する」のが麻酔モニター（麻酔中のモニタリング）の目的です。そのために麻酔中の動物の生理機能の監視と制御を行うのが麻酔管理になります。では、監視・制御する動物の生理機能というのは具体的にどこを、何を、みれば良いのでしょうか？

良い麻酔管理を行うには、つまり監視すべき生理機能を理解するためには、もう一度「全身麻酔の要素」を思い出す必要があります。

全身麻酔は鎮痛、鎮静による有害反射の除去、筋弛緩に加え、（気道、）呼吸、循環をコントロールすることで成り立っています。つまりこの構成要素が手術中（麻酔中）においても、「正常範囲でうまく管理できている状態」がイコール「安定した良い麻酔管理が行われている状態」といえるのです。ですからモニタリング中にみるべきポイントとしては「鎮痛度合い」「鎮静度合い」による有害反射の除去の程度、筋弛緩の程度、そして（気道・）呼吸・循環の程度（多くは抑制の程度）になるわけです。

麻酔中のモニタリング①

では、次にそれぞれのポイントについて一つひとつみていくことにしましょう。まずは「モニタリングが難しい項目」について考えてみたいと思います。

モニタリングの目的を考えると、すべての「程度」を客観的に評価できることが重要であると、何となく分かると思います。つまり、〈いくつ（数値）以下／以上であれば異常〉〈いくつ（数値）〜いくつ（数値）の間であれば正常〉〈いくつ（数値）以下／以上になったらすぐに対処が必要〉というように、具体的な数値が分かれば管理・制御がしやすいですよね。

しかし、すべての項目がこのように「客観的に評価できる」わけではないのです。それでは、「全身麻酔の要素」のうち、どの項目が客観的評価が難しい項目なのでしょうか？ 麻酔の要素のうち「鎮痛度合い」「鎮静度合い」による有害反射の除去の程度は、客観的評価が難しい項目といえるでしょう。

例えば、滑って転んで尻もちをついたときの「痛さ」を同じ感覚で表し、ほかの人へ伝え理解してもらうことできますか？ 夜に眠い目をこすって勉強しているときの「眠気」を同じ感覚で表し伝えることはどうですか？

できませんよね。つまり「どのくらい痛いか？」を数値として表すことはできませんし、「どのくらい眠っているか？」を数値化することはできていません[※2]。これらは個々により異なる感覚なので、「客観的評価が難しい項目」なのです。

では、これらに対するモニターというのはどのように考えれば良いのでしょうか？ 多くの場合、皆さんも無意識のうちに行っていると思いますが、麻酔中に薬を投与したり、麻酔濃度を変化させたりするときを思い出してください。

麻酔中に心拍数が上がったり、血圧が上がったり、動物が急に動いたりしたとき、「痛いのかな？」と予想して、鎮痛薬の投与や、麻酔濃度を高めて様子をみますよね？ その後、動物の心拍などが安定したら、「やっぱり、さっきは痛かったんだ……」と判断していると思います。このような方法が「治療（対処）からの判断」という形（図3-2）です。実際、「鎮痛度合い」「鎮静度合い」による有害反射の除去の程度を客観的に判断するモニター装置は存在しないため、この方法でモニタリングすることになります。

[※2] 現在、ヒト医療分野においては、患者の「鎮静度」を客観的数値で表すものとしてBIS（ビス）モニターというものが開発され、広く臨床応用されてきています。
BISモニターは脳波を特別な方法で解析することで、麻酔深度と、それによって生じる鎮静度を数値化する装置です。BIS値100は「完全に起きている」状態を、BIS値0は脳波がフラット（平ら）になるくらい深く眠っている状態を表します。獣医療領域でも基礎的な研究は行われていますが、臨床現場で使用されるようになるのはまだまだ先になりそうです。

麻酔中のモニタリング②

では最後に、客観的評価の可能な項目に対するモニタリングについて、機械を使わない場合について考えてみましょう。その昔、モニタリングの装置が十分開発・普及していなかったときには、どのようにして麻酔中のモニターを行っていたのでしょうか？ ヒト医学領域の書籍『安全な麻酔のためのモニター指針　ガイドブック』（克誠堂出版）の序文には、以下のような文章が書かれています。

「彼等の麻酔に対する態度は厳しかった。片手は必ず脈拍を触知し、血圧、循環血液量を感知していた。また、バッグを握る手は、それを調節することによって、一回換気量を測定し、同時に気道抵抗、コンプライアンスを感知していた。目は胸郭の動き、皮膚の色、血液の色に注がれ、耳は呼吸音を聞いていた。彼等は完璧なモニターであった、とも言えよう。」

つまり機械のない時代には、麻酔医は人間の五感をフルに使って麻酔モニターを行っていたのです。現在でもこのこと（五感を使ったモニター）はとても重要で、モニター上の数値だけを鵜呑みにするのではなく、**粘膜の色、胸郭の動き、脈拍の触知などに常に注意を払いながら麻酔管理をすることは大切**です。

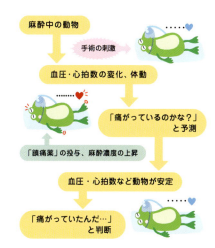

図3-2 「治療（対処）からの判断」の例

ここでのポイント

- 麻酔維持は、飛行機でいえばフライト中。比較的事故は少ない期間だが、気を緩めることなく、「安全なフライト」＝「安全な麻酔維持」を行うために、動物の状態や行われている手術操作などに気を配る。加えて、心電図をはじめとするさまざまなモニター類にも目を配り、**安全な状態を保ち続ける**ようにする。
- 麻酔中のモニタリングの最大の目的は、「麻酔中の危険を察知し、それを避け、麻酔中の動物の命の安全を確保する」こと。このため、全身麻酔の要素である「**鎮痛度合い**」「**鎮静度合い**」による有害反射の除去の程度、**筋弛緩の程度**、そして**気道・呼吸・循環の程度**を正常範囲でうまく管理できるようにする。
- 客観的判断の難しい鎮痛・鎮静の度合いと有害反射の除去の項目については、「**治療からの判断**」という方法でモニターの代わりを行うようにする。

2 麻酔モニターの実際①

前項では、安全な麻酔維持のための概論についてお話ししました。大きな流れが理解できたでしょうか？続いて、ヒトの五感を使ったモニタリングと麻酔モニタリング装置を使ったモニタリングの二つの方法について解説します。反応の評価の仕方や、モニターに出ている数値が「何を意味しているのか？」ということへの理解と、その注意点についてしっかり考えていきましょう。

五感を使った麻酔モニター

人間の五感のうち、聴覚（音を聞く）、視覚（物をみる）、嗅覚（においをかぐ）、触覚（触って感じる）が、麻酔

中の動物の状態を把握するために使われます。"五感"とはいえさすがに味覚（味を感じる）はあまり使いませんね。

例えば「聴覚」であれば、心臓の音がちゃんと聞こえるか？ 心雑音はないか？ 不整脈はないか？ 呼吸の音は両方の肺で聞こえるか？ などを聴診器を使って確認することができます。細すぎる気管チューブを使ったときの麻酔ガスや空気の漏れる音も聞くことができますね。

「視覚」であれば、動物の粘膜の色（舌や歯肉の色）、呼吸に伴う胸の動き、術野でみられる出血した血の色、四肢末端の血流を表す爪の血管の色、先生の顔色（冗談です）などをみることができます。

「嗅覚」であれば麻酔ガスの漏れるにおいや、血・尿のにおいなどを感じることができるでしょうし、「触覚」であれば動物の体を触れることで脈圧（脈が触れるか触れないか）、脈拍、胸の動き、心臓の拍動、体温を感じることができると思います。

このように、人間の五感は、麻酔中にある動物の状態を把握するのに非常に優れた麻酔モニターとしての役割を果たしますが、その欠点は何でしょうか？

まず一つめとしては、手術中動物の全身の大部分は滅菌された手術用ドレープで覆われてしまうため、全身状態を直接みる・触るのが困難な状況におかれる（写真3-1）ということです。動物を直接みて、触って、聞いて……で対応する五感のモニターでは、このことは致命的な欠点となります。また、もう一つの欠点としては「感度が低い」ということにあります。つまり、生体の生理機能の変化の中で人の感覚では感知できない変化があったり、感知することができる変化でも、感度が低いため気づいたときには、すでに重篤な状態に陥っている場合が多いのです。

例えば、換気状態のモニターとして非常に適している末梢呼気中の二酸化炭素分圧（$EtCO_2$）は、人間の五感では認識することはできません。動物が低酸素状態であることを人間の五感で認識できるのは、粘膜が真っ青（紫）になったチアノーゼの状態で、これはかなり低酸素状態が進行し生命が危機に瀕した状態なのです。

五感を使ったモニタリングのうち、眼瞼反射（写真3-2）や角膜反射、顎の緊張度合い（写真3-3）は「麻酔深度」を考える上で非常に重要な項目になりますが、注意も必要なものです。麻酔深度という言葉は非常に都合が良い言葉で、麻酔が浅いから反応しちゃう、麻酔が深いから徐脈になっちゃうなどと使うことは多いかと思います。本当の意味での「麻酔深度」を考えると難しく、かえって理解が進みませんので、この考え方はこれで良いと思うのですが、少し「麻酔の深さ」と「動物の反応」において注意をしていただきたいことがあるので、それを次に説明します。

五感を使うモニターの中で、特に眼瞼反射・角膜反射は、麻酔深度が深くなるにつれて、徐々に徐々に（深さと連動して並行的に）無くなっていくというものではなく、ある深さまではある程度あり、次の深さでは弱くなり、さらに深くなると無くなるというような「階段状」の反応を取ります（図3-3）。さらに眼瞼反射と角膜反射を比べれば、角膜反射のほうが"より深い麻酔"にならないと反応が失われないという特徴があるのにも注意が必要ですし、この"ある深さ"は個体によって大きく異なるため、麻酔深度の指標として重要ではありますが「どのくらいの反射の強さが残っていたら（もしくは無くなっていたら）麻酔深度はどのくらいか」というのを正確に把握するのは難しいということを忘れないでください。

顎の緊張度合いも同様です。しかし、顎の緊張が残っている（開口に対し強く抵抗を感じる）というのは麻酔としては「浅い状態」を表していると思いますので、管理の際には突然の覚醒や、体動などが生じるかも……と注意を払わなければなりません。

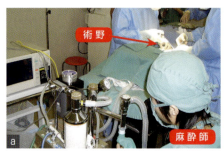
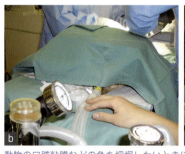

麻酔師（写真右下）が、術野を含め動物の全容（写真右上）を常にみて、状態を理解・把握することは不可能です（a）

動物の口腔粘膜などの色を把握したいときには、ドレープをめくりあげるなどして確認する必要があります（b,c）

写真3-1　麻酔師からみた麻酔中の看護動物

目の周りを軽く触れながら一周し、目頭部分でツンツンと軽く突き反応の有無をチェックします。

写真3-2　眼瞼反射

力を入れなくとも口が開くかどうか？　をチェックします。麻酔導入のときの固さを基準にすると良いでしょう。

写真3-3　顎緊張

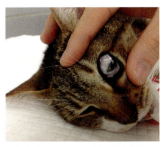

適切な麻酔深度になると、眼球が下方に移動します。

写真3-4　眼球の位置

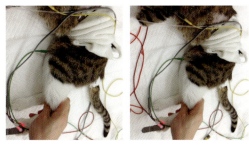

前肢や後肢を動かしてみて、筋緊張の度合いを動きの固さ・柔らかさから判断するのも効果的です。

写真3-5　前肢・後肢の筋緊張

眼瞼反射・角膜反射は、以下のような反応ではなく

麻酔深度が深くなるにつれて反射が徐々に弱くなっていく

こういった関係性が認められるものであることを理解しておきましょう！

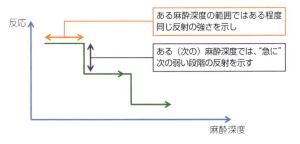

ある麻酔深度の範囲ではある程度同じ反射の強さを示し

ある（次の）麻酔深度では、"急に"次の弱い段階の反射を示す

図3-3　眼瞼反射・角膜反射の注意点

五感を使ったモニターの欠点
- ドレープに覆われるので全身状況を確認しづらい
- 感度が低い

第3章　❷ 麻酔モニターの実際①

麻酔モニター画面から分かる客観的評価項目

次項の「麻酔モニターの実際②」では客観的評価が可能な項目について詳しく説明させていただきますが、その前に麻酔モニター画面の見方について、基本的な部分を確認していきましょう。

協力：フクダエム・イー工業株式会社

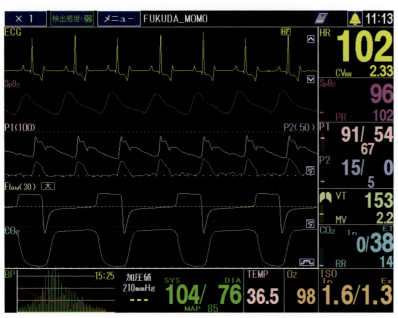

使用モニター　FME-AM-130

●評価項目
① 心電図（ECG）
② 末梢動脈血酸素飽和度（SpO$_2$）
③ 観血的血圧測定
④ 非観血的血圧測定
⑤ 換気量
⑥ 終末呼気二酸化炭素分圧（EtCO$_2$）
⑦ 体温と⑧ 吸入酸素濃度
⑨ 麻酔ガス濃度

麻酔モニター画面からは9つのことが分かるんだね！

① 心電図（ECG）

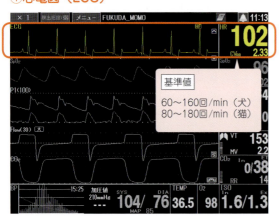

基準値
60～160回/min（犬）
80～180回/min（猫）

心拍数（Heart Rate：HR）の測定と併せて、不整脈の検出も可能。SpO$_2$の波形（プレスシモグラム）から測定される脈拍数（Pulse Rate：PR）との表示・検出の切り替えも可能
＊フクダエム・イー工業（株）のモニターでは交感神経の活動性の指標の一つとなるCvRRという数値も測定できることも特徴の一つ

② 末梢動脈血酸素飽和度（SpO$_2$）

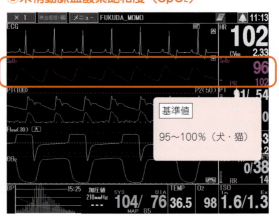

基準値
95～100%（犬・猫）

動脈血中の酸素飽和度を末梢で測定しているSpO$_2$。同時に脈波が測定されるので、心電図による心拍数と併せて脈拍数の評価が可能

③観血的血圧測定

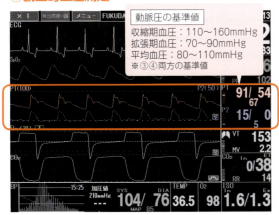

2つの血圧が同時測定可能であり、今回P1は動脈の血圧、P2は中心静脈の圧が測定されている。連続的で正確な血圧の評価が可能であり、得られる波形から患者の循環状態の評価もできる。また、血液ガス分析のためのサンプリングもでき臨床的に非常に有用性が高い

④非観血的血圧測定

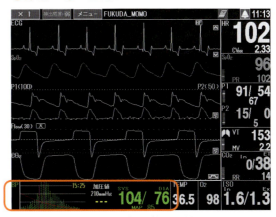

オシロメトリック法による非観血的血圧測定。測定間隔の設定や、オシログラフ（山状の波形）の形状確認が可能。観血的血圧測定ができない場合でも、こちらは必ず行うことを推奨

⑤換気量

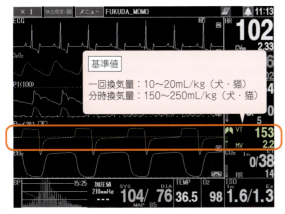

一回換気量（VT）と分時換気量（MV）※※の表示がされている。気道内圧や呼吸回数だけでは管理・評価が難しい動物における呼吸管理において非常に有用な評価項目
＊今回のフクダエム・イー工業（株）のモニターにおいて設置された新しい項目。呼吸管理においての有用性は非常に高い
※※1分間の動物の換気量のこと。一回換気量と換気回数を組み合わせたもの

⑥終末呼気二酸化炭素分圧（EtCO₂）とカプノグラム

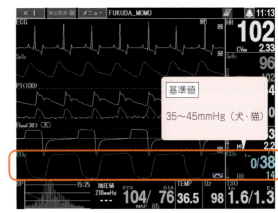

波形（カプノグラム）の形状から患者の呼吸様式、肺の状態を考えることもでき、呼吸数（Respiratory Rate：RR）も同時に測定可能

⑦体温と⑧吸入酸素濃度

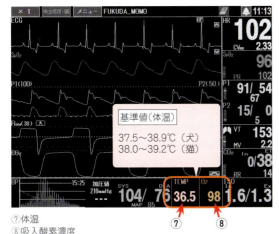

⑦体温
⑧吸入酸素濃度
ICU管理などで酸素濃度を調整して管理しなければならない時などにも有用性は高い

⑨麻酔ガス濃度

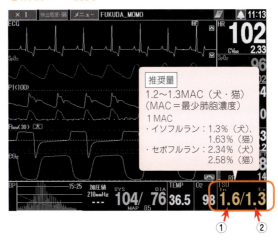

吸入麻酔ガスの種類はイソフルラン、セボフルラン、ハロタンに設定切り替え可能
①吸入麻酔ガス濃度
　気化器から出され、回路内を満たしている麻酔ガス濃度に相当
②呼気麻酔ガス濃度
　看護動物から吐き出されている麻酔ガス濃度。生体内（≒脳内）の麻酔薬濃度として評価

第3章 ❷ 麻酔モニターの実際①

3 麻酔モニターの実際②

ここでは、「客観的評価の可能な麻酔モニター」のうち「気道・酸素化のモニター」と「循環のモニター」についてお話ししようと思います。皆さんの動物病院ではどのモニターを用いて、看護動物の換気状態・循環状態の評価を行っていますか？ どのような状態のとき「異常だ！」と判断し、対応の指示を仰ぐようにしていますか？ 実際の手術室でのモニターを思い浮かべながら読んでください。

自発呼吸と人工呼吸の違い

　自発呼吸（通常の状態の呼吸）は胸が膨らむ・肺が膨らむとき、横隔膜が下がり（動物の場合、後ろに行き）、胸郭を広げ、胸腔内の陰圧が強くなるため空気が吸い込まれ、肺が膨らみます。これに対し、調節呼吸・人工呼吸では外から空気を送り込むことにより肺を膨らませ、胸郭が広がります。つまり胸腔内の圧は陽圧（プラスの圧）になります。肺への"負担"（圧）を考えても、人工呼吸の場合には「無理矢理膨らませる」という影響がでるため、自発呼吸と比べて圧が高く、負担は大きくなります。また胸の中の圧が陽圧になるということは、血管（特に静脈）が圧迫によりつぶされ、心臓への血液の戻りが悪くなり、結果、循環全体が抑制されるようになります。呼吸数の維持や呼吸の一定性を保つという意味では人工呼吸は非常に有用ですが、人工呼吸をすることにより生じるデメリットについても十分に理解し、考えるようにしなければなりません……。

気道のモニター

　では次に、麻酔モニターのうちで客観的評価が可能なモニターについて、一つひとつ考えていくことにしましょう。前々項（p.56）で、全身麻酔は鎮痛、鎮静による有害反射の除去、筋弛緩に加え、気道、呼吸、循環をコントロールすることで成り立っており、この構成要素が手術中（麻酔中）において「正常範囲でうまく管理できている状態」が「安定した良い麻酔管理が行われている状態」といえると説明しました。

　これらの構成要素のうち気道のモニターにはカプノメーターが用いられます。これは患者である動物から吐き出される息（呼気）の中に含まれる二酸化炭素分圧を、動物への負担がなく（非侵襲的に）、かつ連続的に測定してくれます。この吐く息（呼気）の中に含まれる二酸化炭素濃度（分圧）は、ヒトの五感のいずれでも感じることはできないので、麻酔モニターによる客観的評価はとても重要となります。

　現在、多くの麻酔モニター装置にはこのカプノメーターが装備されており（写真3-6）、サイドストリーム方式（ガスサンプリング方式）という形で二酸化炭素をモニター装置が取り込み終末呼気二酸化炭素分圧（$EtCO_2$）が数値として表示されます。呼気には必ず二酸化炭素が含まれるので、この項目をモニターすることは、すなわち「気道確保がきちんとされている」ことをモニターしていることになるわけです。

　呼気中の二酸化炭素の量（分圧）が示されるだけでなく、呼吸数、二酸化炭素の排泄パターンを波形[※1]で示してくれる（図3-4）ので、気道の確保と併せて換気・循環の状態の推測が可能になります。また麻酔ガス濃度測定も同時に行ってくれる（写真3-6）ものが広く普及していますので、このモニターは広い意味での気道・換気のモニターであると認識すると良いでしょう。

※1　カプノメーターで得られる呼気中の二酸化炭素分圧の変化を表す波形のことを、カプノグラムといいます。

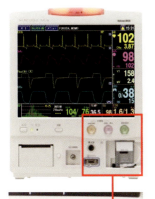

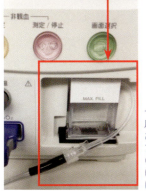

●麻酔モニターの画面の説明（酸素化のモニター部分）

呼吸数（1分間の呼吸数を表示）
（患者の状態にもよりますが大体毎分8〜12回となるように管理します）

EtCO2
患者から排泄される二酸化炭素分圧
（正常は30〜40mmHg）

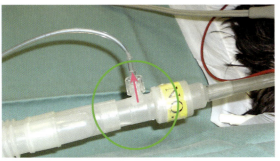

カプノグラム
二酸化炭素排泄パターンの波形

サンプルライン

アダプタ

アダプタとサンプルラインの間の強度を保つための補助具（□）
脱着が可能である程度の強度が維持されるもので自作すると良い。筆者はフィーディングチューブやゴムのチューブを適当な長さに切って作成している

一般的には気道のモニターは、麻酔モニター装置の脇についており、動物へつながる気管チューブとYピースの境界に装着する（○）。サンプリングガスが良好に採取されるように接続部を上に向ける（↑）

写真3-6　麻酔モニターに装備されている気道モニターとカプノグラム

🟢 カプノメーター使用時に注意すること
①校正ガスによる濃度測定の正確さの維持

　モニター本体が正確に呼気ガスを吸入し測定しているかの確認、その精度の確保のためには定期的に校正ガス（含まれるガスの配分が決まっているもの〈写真3-7〉）による測定精度の確認が必要です。きちんと校正されていないと、正しい測定が行えず、表示される数値を信じることができないため**必ず定期的に行うようにし、行った日時の記録と使用前の確認を忘れないようにしましょう**。

②測定前のウォームアップ

　カプノメーターは麻酔モニターを作動させた直後に必ずウォームアップタイムが必要となります。これは装置により自動に行われますが、その間は**濃度測定、波形表示などはできない**ため、電源をつけてすぐの使用は不可能であることを忘れないようにしましょう！（時間的余

この校正ガスはデスフルラン2.00％、二酸化炭素5.00％、亜酸化窒素33.00％、酸素55.00％の配分で構成されている

写真3-7　校正ガス

第3章 ❸ 麻酔モニターの実際②

● 正常波形

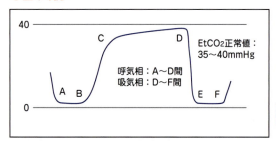

A-B間（基線）：解剖学的死腔部分からの呼気
B-C間（上行枝）：末梢気道からの呼気が開始。CO_2濃度が急激に上昇
C-D間（平坦枝）：プラトー相。気道に存在したCO_2がほぼ排出された状態
D点（呼気終末点）：肺胞相の終末。CO_2分圧はもっとも高値を示す
D-E間（下行枝）：呼気の急入によるCO_2分圧の低下
E-F間（呼気終末点）：呼気ガスによりCO_2は基線に戻る

Point! C-D間がきちんと平らになって表示されているようにする！
そのような状態にない時のEtCO₂の値は、正確でなくなってしまうこともあります。

● 異常波形と波形の示す臨床的意味

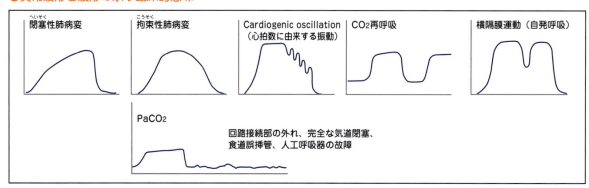

- **閉塞性病変**※1 **のとき**：本来、平坦であるべき平坦枝（プラトー相）に大きな傾斜がみられる。
  このときの数値は体の中の二酸化炭素の量（分圧）を反映していない。
- **拘束性肺病変のとき**：自発呼吸下の状態において認められる。肺が硬くなり膨らみにくい状態、呼気の部分の延長波形が認められる。
- **CO_2再呼吸**※2：呼気を再吸収することにより基線が上昇していく。二酸化炭素の数値も上昇する。
- **気管内チューブの誤挿入**：最初に数呼吸小さな波形がみられるがすぐに消失する。

より細かい評価として

※1 閉塞性の異常のうち気管チューブが折れたり、潰れたりしているとき

※2 麻酔回路のそれぞれに弁（p.27 図2-2参照）の異常があるとき

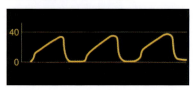

正常であれば急である上行枝が緩やかで肺胞相がほとんど認められない

【吸気弁の異常】
下行枝の傾きが急になだらかになり、基線（▲）が上昇する。数値自体も上昇する

【呼気弁の異常】
呼気を再吸収して基線（………）が上昇。呼気弁の動きがおかしくなるため基線がブレる（▲）

図3-4 カプノグラム（二酸化炭素排出のパターンを示す波形）

裕を持ってモニターには電源を入れておくこと！）
　また、使用開始（電源を入れてから）1時間以内の間では、比較的短い間隔で自動定期校正が入る機種がほとんどです。画面に「サンプルの校正中」などと表示され、その間はウォーミングアップのときと同様に濃度測定や波形表示はできないので注意しましょう！（画面に呼吸波形やEtCO₂の値が表示されないときには、まずこの校正の時間を確認します）

③サンプルラインの異常のチェックと異常発生の防止

　呼気サンプルを採取するサンプルライン（細くて比較的硬い管、写真3-6）が折れていないか？　中に何かが詰まっていないか？　切れたり穴が開いたりしていないか？　などの異常を毎回使用前にチェックし、おかしいものがあればすぐに交換すること。測定装置に直結する部分（写真3-6□）には呼気中に含まれる水分が液体で溜まることがあります。こまめにチェックし、水が溜まっていたらすぐに捨てるようにしましょう。
　また、気管チューブと麻酔回路（Yピース）の間にサンプリングアダプタ（写真3-6〇）を取り付け、サンプルラインを上に向けて麻酔維持を行いますが、接続部が折れたり曲がったりするのを防ぐために、アダプタとサンプルラインの間に補助を付けると良いでしょう（写真3-6□）。
　サイドストリーム方式の装置を用いている場合、測定の特性上、画面に表示されるEtCO₂は実際の体の中の

CO$_2$（PaCO$_2$）よりやや低い値となります。これは特に体の小さな動物（3kg以下くらい）で顕著になります。ということは小型犬・猫で画面のEtCO$_2$の値が高いとき、実際の体の中のCO$_2$はもっと高いわけですから、とても換気が悪い状態であることを忘れないようにしましょう。

酸素化のモニター

では次に、麻酔中の看護動物の酸素化状態のモニターについて考えてみましょう。換気（ventilation）とは肺への気体の吸入および呼出運動のことをいい、麻酔管理状態においては、酸素と麻酔薬が十分に肺の中へ送り込まれ、生体のガス交換によって産生された二酸化炭素が、きちんと生体から出て行っているか？ をモニターすることです。

酸素化のモニターとしても、気道モニターの道具でもあるカプノメーター（カプノグラム）は「適切に体から二酸化炭素が排出されているか？」をみていることになるのでとても有用です（写真3-6）。生体内の酸素の満たされ方（酸素飽和度）を測定できるパルスオキシメーター（写真3-7）は換気のモニターのうち、特に酸素化の部分を見ることができ、そして循環のモニターとしても大変有用なものです。

そのほかに有用なものとしては、肺の膨らみやすさを間接的に評価できる気道内圧計（写真3-8）や呼吸バッグを押す感覚、換気の際に聴取される肺音などがあります。ここでは換気・循環のモニターとして非常に有用であるパルスオキシメーターについてしっかり理解しましょう。

パルスオキシメーターで測定できるもの

パルスオキシメーターでは、動物の体が酸素を取り込み、どの程度酸素で満たされているか？ を知ることができます。この酸素の満たされ度合いをSpO$_2$（末梢動脈血酸素飽和度）といい、95〜100％が正常値です。また末梢の動脈の拍動から、脈拍（Pulse Rate：PR）を同時に測定することができます（写真3-7）。

この非常に重要な2つのパラメーターを評価することができるので、重篤な合併症を引き起こす原因となる低酸素症、不整脈、徐脈といった重要な異常を、簡単に無侵襲（生体を傷つけない）で検出することが可能となります。

パルスオキシメーターでSpO$_2$と脈拍が測定できるしくみ

ではどのようなしくみで、この麻酔中の換気モニターで重要な二つの項目（SpO$_2$と脈拍）を測定することができるのでしょうか？ ちょっと難しい内容になりますが、解説しましょう。

パルスオキシメーターの測定部（「プローブ」といいます）は、二つの異なる波長（赤外光と赤色可視光）の光を交互に出す「発光部」と、その光（組織を通過した後の透過光）の強さを測定する「受光部」から構成されています（図3-5a、b）。

血液中の酸化ヘモグロビン（酸素を含んだヘモグロビン）と還元ヘモグロビン（生体が酸素を消費した後に生じるヘモグロビン）は、発光部から出される二つの波長の光（赤外光：波長920〜940nmと赤色可視光：波長660nm）にそれぞれ異なる吸光度を示すため（図3-5c、d）、測定時の吸光度の比からヘモグロビンの酸素飽和度が算出されます。

実際には骨やほかの組織、そして静脈血もこれらの光を吸収しますが、安静時には動脈血以外の部分における光の吸収量は変化せず、動脈での光の吸収だけが、拍動に同期して変化します。この拍動と光の吸収量の性質を利用し、吸光度からSpO$_2$を算出しているのです。

パルスオキシメーターでSpO$_2$と脈拍を測定するときの注意点

ヒトでは指に装着することが一般的なパルスオキシメーターですが、動物では舌や耳などに装着（写真3-7）し測定を行うことが多いです。

パルスオキシメーターの測定値に影響を与える要因としては、外部からの光、体動（測定部の動き）、うっ血、異常ヘモグロビンの存在、色素、電磁干渉などが知られています。

●光による影響

外部から赤外線ランプの光や蛍光灯の光が測定部（プローブ）の受光部に入ると、測定値に影響が出たり測定不能になることがあります。外部からの光が入らないよ

うに、プローブを測定部にしっかりと密着させ、軽くガーゼなどで覆うと良いでしょう。

● 体動による影響

動脈の拍動とそれによる光の吸収量の変化を感知し測定を行っているため、測定部が動くと正しい値の測定値が得られません。目にみえる大きな動きだけでなく、徐々にずれているような場合（舌に装着したプローブが、唾液などの影響でみた目には分からない程度で、微妙にずれているような場合）にも、きちんと測定されないことがあります。このような微妙な動きを防ぐために、ガーゼのような薄いものを濡らして、プローブと測定部の間に挟み込む（写真3-8）と良いかもしれません[※2]。

※2　プローブと測定部位（舌）の間に、薄いガーゼ1枚を濡らして挟むと、SpO_2と脈拍が測れるようになることが多いです。おそらく微細な動きを抑えることができるためだと思います。ぜひ試してみてください。

● うっ血による影響

プローブと舌の間に光が入らないように、プローブがずれないようにとあまり強く固定してしまうと、末梢動脈の拍動が消失してしまうので測定ができなくなります（図3-6a）。それほど強く固定していなくても、測定部・測定部周囲がうっ血すると末梢の静脈が拍動を起こしてしまい（図3-6b）、測定値が低値を示してしまいます（静脈血の拍動を、動脈の拍動と誤認識して測定するため）。

三尖弁閉鎖不全などの右心不全、循環血液量過多などの際に、静脈血の拍動は生じ測定値が低値を示しますが、プローブを常に同一部位に強く圧迫していると、測定部周辺のうっ血が生じるので、時々測定部を変えてあげることが重要です（特に、小型の動物や猫では舌のうっ血が生じやすいので、こまめな測定部の変更が必要です）。

● 色素

プローブの発光部からの光が組織（舌）を通過する際の、吸光度の違いを計算してSpO_2を算出しているため、舌に色素のある動物（チャウ・チャウやその雑種）などでは、正確な評価ができないことが多いので注意が必要です。

● プローブの装着部位

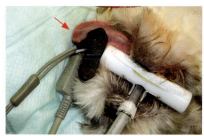

ヒトでは測定部（プローブ）を指に挟むことが多い。動物では舌に挟むことがもっとも多いが、耳に挟んで測定することも可能

● プローブの装着方法

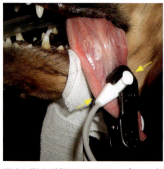

正確な測定が行われるよう、プローブが舌の動脈に対し垂直となるように（舌の中央に直角の角度で）、発光部と受光部が正対（真正面に向き合う）するように装着する（写真左）
唾液などの影響で目にみえない程度のプローブのズレや動きがあると、正確な値で測定ができない。そのような場合には、薄いガーゼ1枚を濡らして舌とプローブの間に挟むと良い（写真右）

写真3-8　パルスオキシメーターの装着と画面表示

吸気（動物へ酸素・麻酔を送り込む）際にかかる圧力。肺の膨らみやすさの指標となる
5〜20cmH₂O（20cmH₂Oを超えないように）1〜1.5秒かけて呼吸バッグを押す
正常のカプノグラムを思い描きながら、その形状が形成されるように呼吸管理を行うと良い

写真3-9　気道内圧計

● モニター画面上での表示様式

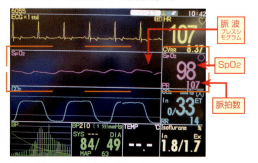

生体の酸素飽和度と脈拍の測定が可能

●電磁干渉

電気メスの使用時やほかのモニターラインとの交差などで、測定値の異常が出たり脈拍を表す波形形状の異常が出たりすることがあります。

以上、気道・換気のモニターについて詳しく説明しました。特にパルスオキシメーターの測定時の注意点などは重要なのでしっかり理解してください。

●SpO₂と脈波描出の原理

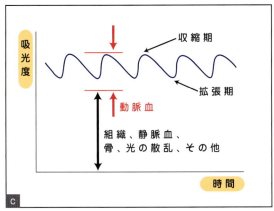

測定時の吸光度の比から算出されるヘモグロビンの酸素飽和度と、拍動に同期して変化する動脈での光の吸収を利用してSpO₂と脈波を算出している

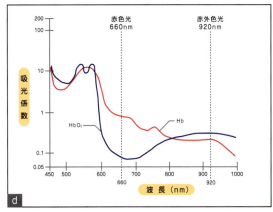

酸化ヘモグロビン（HbO₂）と還元型ヘモグロビン（Hb）の各波長における吸光計数は異なっているため、これを利用して測定を行う

図3-5　パルスオキシメーターのプローブ部と測定原理

●測定部位を強く圧迫してしまっている場合

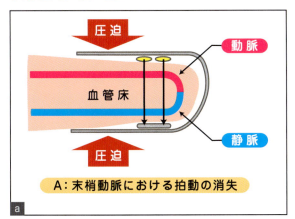

A：末梢動脈における拍動の消失

●測定部位周囲の圧迫によるうっ血

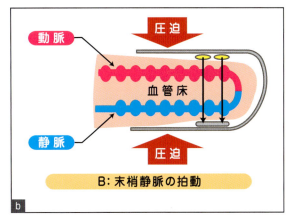

B：末梢静脈の拍動

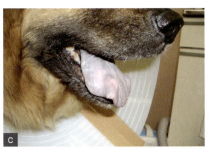

チャウ・チャウとシェパードの雑種
写真の症例のように、舌に色素を有する動物では、SpO₂の値が正しく測定されないことが多いため、注意が必要（場合によっては、ほかの測定法を検討しなければならないこともある）

図3-6　パルスオキシメーターの測定ができなくなる理由

> **おまけ**
>
> ### 麻酔中の呼吸管理は純酸素を使わなくても良い？
>
> 　最近では純酸素（100%酸素）を用いない麻酔管理について非常に注目が集まっています。これまでは麻酔管理といえば「動物の酸素化の確保のため100%酸素を流しながら麻酔管理をする」というのがあたり前の話でした。動物の酸素化は非常に重要な項目なのですが、実際血液ガス分析を行ったりそのほかさまざまな生体反応を調べてみると、<u>100%ほど高濃度の酸素は必要ない</u>ということが分かり、酸素に空気を混ぜて麻酔管理をするという方法が認識されてきています。
>
> 　「空気を混ぜる」と簡単にいってもなかなか難しく、天井からぶら下がるガスライン、壁に設置してあるピンインデックスの接続部などに新たに工事で空気のラインを付け加えることになります。そこで、近年、アコマ医科工業株式会社から空気圧縮装置（エアーコンプレッサー）が発売され注目を集めるようになりました（写真）。これは大気中の空気を圧縮し、その際、大気中に含まれる水分も除去してくれるという優れものです。またこれまで皆さんがお勤めの病院にある麻酔器に接続することで簡単に空気との混合を可能にします。もちろん、100%酸素での麻酔管理のメリット／デメリット、空気を混ぜることのメリット／デメリットを十分に理解していただいて選択するのが大切ですが……。

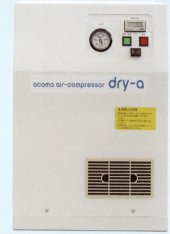

写真　アコマエアコンプレッサードライA
（アコマ医科工業株式会社）

全身の血液循環

　まずは中学校や高等学校の生物で習った「循環」の復習からいきましょう！　ここは本当に基本となる部分ですので、すでに「分かっている」という人は軽く読み飛ばしてください。忘れてしまった人や、いまひとつうろ覚えの人は、もう一度確認の意味で読み直してみてください。

　生体における循環（Circulation）は、通常、血液循環（Blood Circulation）のことを意味し、「<u>心臓から出た血液</u>が動脈、毛細血管、静脈を経て<u>再び心臓に戻る走路</u>」のことをいいます。心臓を血液の流れの中心と考えて、左心室→大動脈→全身臓器→（臓器内の）毛細血管→静脈→右心房→右心室→肺動脈→肺→（肺の毛細血管でガス交換）→肺静脈→左心房→左心室→……とグルグルまわります（図3-7）。

　図3-7のピンク色の部分は「酸素や栄養を豊富に含む動脈血」が流れており、水色の部分は「酸素や栄養分が臓器で使用された後の静脈血」が流れています。この循環のうち、左心室から右心房までの流れを大循環（もしくは体循環）と呼び、右心室から左心房までの流れを小循環（もしくは肺循環）と呼んで区別しています。

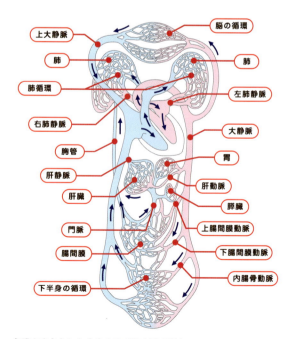

心臓を中心とした全身をめぐる血液の流れ

図3-7　血液循環

細かい内容はさておき、今回モニターする「循環」において「看護動物の循環がうまく維持されている」ということは、これら血液の流れのすべてがうまくいっており、血液が全身のすみずみまで十分に行き渡り、きちんと心臓に戻ることが繰り返されていることを意味しています。

では、どのようなモニターを用いて「循環がうまくいっている」「循環があまり良くない」などの評価を行えば良いのでしょうか？ 考えてみましょう！

きちんと血液が送り出せているか？

循環のモニターにおいて重要なポイントは二つあります。まず一つ目は「きちんと血液が送り出せているか？」ということです。

前述の通り、「循環」は心臓を中心とした全身をめぐる血液の流れのことですから、まずは心臓がしっかりと動き血液を送り出せていなければ、循環そのものが成り立ちません。心臓が血液を送り出すポンプとしての機能の評価は何を用いて行えば良いのでしょうか？

この評価の基準となるものの一つが心電図（Electro cardio gram：ECG）です。心臓の収縮・弛緩はご存じの通り、電気的刺激によりコントロールされており、その心臓の動き（電気的刺激の流れ）をグラフにしたものが心電図です。P波、QRS群、T波の三つの部分から構成され（図3-8a）、この三つのまとまりが常に同じ順序で出現し、規則正しく繰り返し出ていることが重要です。

細かい評価を行えば、心臓の肥大・拡張のような構造的な異常などの評価もできますが、麻酔モニターとしての心電図は、心臓がきちんと収縮・弛緩を繰り返し血液を送り出せているか？ の評価だと思ってください。つまり、麻酔中に心電図から気づかなければならないことは、心拍数の変化、不整脈そして収縮の異常になります。

●心電図測定において注意すべきこと
①電極の着け方：一般的には右前肢、左前肢、左後肢に心電パッドや電極を取り付けます（図3-8b）。使用機種により異なる場合もあるので、皆さんの動物病院にある機械を確認してみてください。左右逆に電極を着けたり、いつもと異なる電極の設置の仕方をすると、現れる波形も変わるため、「異常」と判断しないように注意が必要です。いつも同じように着けるようにしましょう。
②電極装着の前に：パッド（肉球）や脇下部など心電パッドや電極を取り付ける場所を、アルコール綿などで拭くようにしておきましょう。乾燥や汚れはうまく波形が取れなかったり、ノイズの原因となります。
③異常波形出現!?：正常でない波形が観察されたときには、それが本当に心臓の異常からくるものなのか？ そうでないのか？ を冷静に判断しましょう。術部の操作などによる電極部への接触、電気メスの使用などにより生じるアーティファクトとの区別は重要です！

本当の意味での心臓のポンプ機能は、超音波を用いて心臓の収縮・拡張の動きをみることや、特殊なカテーテルを心臓内へ留置して一回拍出量（心臓が1回の拍動で送り出す血液の量）、心拍出量（1分間に心臓が送り出す血液の量）などを測定することでしか、求めることはできません。しかし、これらを実際の臨床の現場で麻酔中・手術中に行うことはなかなか難しいことと思います。ですから「心臓の動き」≒「電気的刺激」≒「心臓の血液を送り出す機能」と考え、ECGを用いた評価を行うのが一般的です。このように考えると、ECGからの情報が「循環のすべて」「心臓機能のすべて」などと過信しすぎてもいけないことが理解できると思います。

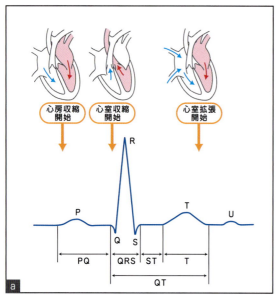
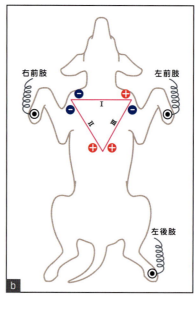

図3-8　心臓の収縮と心電図／心電図の電極の着け方

きちんと末梢（全身）に到達しているか？

循環のモニターにおいて重要な二つ目のポイントは、心臓から送り出された血液が「きちんと末梢（全身）に到達しているか？」ということです。心臓がきちんと動いていても、血液が末梢まで行き渡っていなければ、「循環」としては意味がありません。この末梢における血液の行き渡り具合の評価には、いくつかのものが用いられます。

これまでにお話ししてきました「粘膜の色」や「CRT（毛細血管再充満時間）」、そして「パルスオキシメーターにおけるSpO$_2$」は、いずれも換気の指標であると同時に末梢における血液の行き渡り具合を表しています。心臓から送り出された酸素を十分に含む血液が、きちんと末梢まで行き渡っていれば、粘膜の色は健康的なピンクとなり、歯ぐきなどを押した後に色が戻るまでの時間であるCRTは1〜2秒以内、SpO$_2$は100％に近い値を示すことになります。

これらでも十分に末梢の「循環」をモニターできているのですが、もう一つ客観的数値を示すものとして「血圧」を測定すると良いでしょう。一般的にはカフを前肢や後肢に巻いて（写真3-10）測定を行う「非観血的血圧測定法」が用いられます。

●非観血的血圧測定法において注意すべきこと
①カフを巻く位置：一般的には前肢では手首－肘関節間もしくは肘関節近位（体に近い側）に、後肢では足根関節（かかとの関節）周囲（近位〈体に近い側〉もしくは遠位〈体から遠い足先に近い側〉）に巻き付けます（図

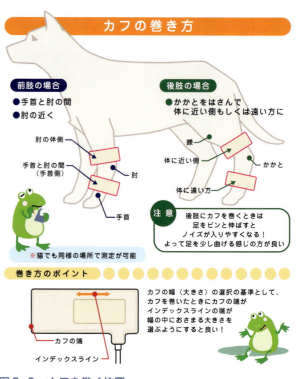

図3-9　カフを巻く位置

3-9）。

②カフの選択：カフの幅が、カフを巻き付ける部位の周囲長さの0.4〜0.6倍のものを選ぶと良いでしょう。大まかには、カフを装着する部位の2/3くらいを覆うサイズと考えると良いです（**写真3-11**）。カフの幅が狭いと血圧は高めに、逆に広すぎると血圧は低めに測定されてしまいます。

③測定の原理：細かい部分までの理解は難しいかもしれませんが、どういう原理で血圧が測れるのか？ を簡単に説明しましょう！

非観血的血圧計は、前肢もしくは後肢に巻いたカフが膨らんで、カフの圧が上がりきった後、カフの圧を下げていくに従って、ドクドクと脈拍が感じられるようになったときの圧の変化をもとに、収縮期・拡張期・平均動脈圧を算出しています。

このため、カフがきちんと巻かれず膨らみが十分でなかったり、測定中に余計な振動（測定中に暴れてしまったり、呼吸などによる体のブレや不整脈などによる脈の乱れ）が起きたりすると、うまく測れなくなってしまいます。

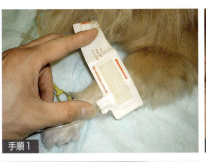
手順1

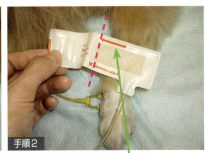
手順2

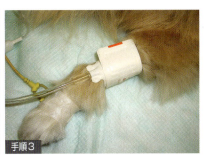
手順3

手順4

巻き方のちょっとしたコツ
この（-----）のラインがしっかりと動脈（拍動する血管）に当たり、⟵⟶の部分がしっかりと足と接触するようになると良い。

- カフを巻く位置とその部位の幅から、測定に適するサイズのカフを選ぶようにする。
- 無理にきつく巻き付けすぎたり、巻いたときに緩みがあると正確な測定がなされないことが多いので注意！

写真3-10　非観血的血圧測定

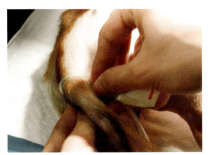

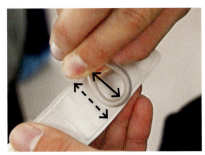

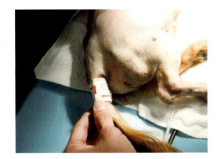

測定部位にカフのチューブ部分を巻き、その幅（高さ↕）と同じ幅（↕）のカフを選ぶと良い。

写真3-11　カフの選び方

おまけ 血圧測定のちょっとした工夫

うまく血圧が測れない（低血圧の場合が多いですが……）のときには、測定に少し工夫を加えることもあります。写真に示すようなカフの加圧－減圧と脈拍、それと血圧の関係を用いた測定法です。ぜひ試してみてください。

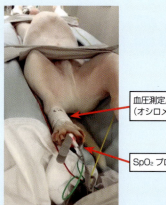

看護動物の足先などにSpO₂のプローブを着け、それより近位（体幹に近いほう）に血圧測定用のカフを巻く

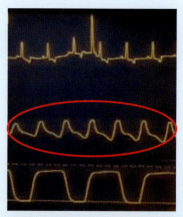

SpO₂の波形（プレシスモグラム）がしっかりと検出されていることを確認してから、血圧測定のカフボタンを押す

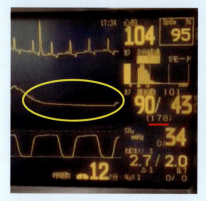

血圧測定のカフの圧が上がる（この写真では178mmHg）ことでSpO₂のプローブ部分で測定している脈が遮断され、波形が消失（平らなライン）することを確認

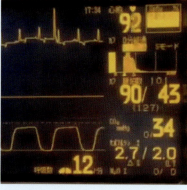

血圧測定のカフの圧が徐々に下がっていき……（この写真では127mmHg）

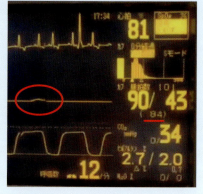

血圧測定のカフの圧が徐々に下がっていき……最初の脈波が検出された瞬間（この写真では84mmHg）が"理論上"は収縮期（最高）血圧のはず。

しかし、実際は装置の測定上の時間のずれなどから、この時の数値が平均血圧に非常に近い値を示す。数値の変動を常に目で追わなければならないという煩雑さはあるが、血圧がうまく測れない時には非常に有効な測定手段！

循環のモニターにおける「正常」と「異常」

客観的評価が可能である循環のモニター二つについて理解できたでしょうか？ 全身への血液の流れということだけあって、非常に重要だということが分かっていただければ幸いです。では最後に、これら二つのモニターにおける正常と異常についてまとめてみようと思います。

正常心電図と異常心電図

●**正常波形**（図3-8参照）

P波、QRS群、T波の「3つのまとまり」が「規則正しく」同じ間隔で出現している。

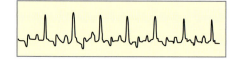

● ブロック

P波は出現しているが、それに続いてQRS群が出現してこない波形。この状態が繰り返されると拍動を補うための異常収縮が生じる（下図↓）。

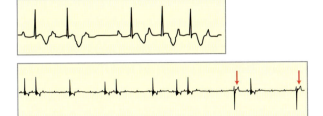

※ブロックの程度（重症度）にはさまざまなものがあるので注意が必要です。

● 期外収縮

正常な波形（P波、QRS群、T波）の繰り返しでない、異常な波形が出現する。

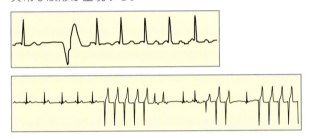

● 細動・粗動

基線がブレている程度に動きがみられる。心臓は電気的に揺れている程度の動きしかしていない。エマージェンシーのときなどに観察されることが多い。

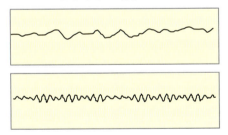

● 無拍動

全く波形の出現がない状態である。心臓が全く拍動していないことを意味する。突然生じることは少ないため、まずはコードや電極の外れなどがないかをチェックすることが大切。

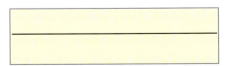

心電図モニター上に表示される数字（写真3-12）は心拍数、すなわち1分間の心臓の拍動数を表示していま

す。正常の心拍数は犬で1分間に60〜160回、猫で80〜180回とされていますが、個体ごとの差が大きい（一般的に小型のもの、若齢のものであるほど心拍数は多い）ため、麻酔前の状態を十分に把握しておきましょう。麻酔中に特に気にするべき変動としては、犬で1分間に50回以下もしくは180回以上の心拍、猫で1分間に100回以下もしくは220回以上の心拍が一つの目安になります。

さまざまな原因により心拍数の低下（徐脈【bradycardia】）が生じますが、麻酔中に考えられる原因としては、迷走神経反射（挿管の刺激、肺や消化管、眼の手術）、低酸素、深すぎる麻酔深度、投与している薬の種類（オピオイドやα_2作動薬）が主なものとなります。

また逆に、麻酔中の心拍数の上昇（頻脈【tachycardia】）の原因には、浅い麻酔、高二酸化炭素血症、投与している薬の種類（アトロピンやドーパミンなど）、出血・血圧低下に対する代償反応などがあります。心拍数の変動に気づいた場合、それを報告すると同時に「なぜ生じているのか？」を考え、それに対する対処ができるようにしましょう！

心拍数の変化や不整脈に対して、一般的に使用される薬の種類と投与量については、次のページのようなものがあります。異常の報告とともに、獣医師からの指示に対して投薬の準備などが速やかにできるよう、薬の種類と投与量などを確認しておきましょう！

正常血圧と異常血圧

● 正常血圧

収縮期：110〜160mmHg
拡張期：70〜90mmHg
平均：80〜110mmHg

収縮期圧と拡張期圧の差を「脈圧」といいます（手で脈として触れる圧）。

● 異常血圧

麻酔中の血圧の異常において特に注意が必要なのは「低血圧」です。収縮期で100mmHg、平均で80mmHgを下まわらないように維持を行いましょう！ つまり、これより低下した場合には「低血圧」と判断します。特に収縮期で80mmHg、平均で60mmHgを下まわると、脳や肝臓・腎臓などの重要臓器への血流が十分に行き渡らなくなるため、早急な対処が必要となります！

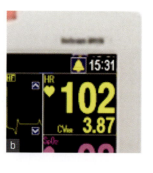

麻酔モニター上に表示される「心拍」は、1分間の心臓の拍動数、すなわち心拍数です。普段は心拍数＝脈拍数となります！（写真3-11b）

写真3-12　麻酔モニターの画面における「心拍」

【薬の準備】

●徐脈に対して
- 硫酸アトロピン　0.01〜0.05mg/kg
- グリコピロレート　0.005〜0.01mg/kg

●不整脈に対して
- リドカイン　1〜4mg/kg
- プロプラノロール　0.05mg/kg
- プロカインアミド　1〜5mg/kg

●血圧低下への対処法
- 輸液量の増加、急速投与
- 麻酔深度の調整（麻酔深度を浅くする）
- 薬物投与　ドーパミン　2〜10μg/kg/min
　　　　　　ドブタミン　1〜5μg/kg/min
　　　　　　アドレナリン　0.01mg/kg
　　　　　　フェニレフリン　0.15mg/kg

※いずれの薬も投薬が必要となった場合には、すぐに効果が得られることが重要となります。そのため投薬は、すべて静脈投与で行われることが多いです。

$EtCO_2$ は優秀な循環のモニター!?

　$EtCO_2$ というと「体からの二酸化炭素の排泄」というイメージから、呼吸のモニターという印象が強いです。しかし、この「二酸化炭素の排泄」が生じる一連の流れを考えると、$EtCO_2$ の値は体の循環と大きく関係していることが分かります。

　二酸化炭素の排泄とは、<u>酸素</u>を取り込み、肺でガス交換され（<u>血液に酸素が溶け込む</u>）、血流に乗って体の各臓器に行き、<u>臓器で酸素が消費</u>されて、<u>二酸化炭素</u>と水ができ、これが<u>血流に乗って心臓にもどり</u>、肺へ行き、ガス交換されて<u>呼気に二酸化炭素が呼出</u>されるという一連の流れ、つまり臓器への血液の供給と臓器からの血液の戻りという循環の本質的部分を見ていることになるのです。

　このようなことから、犬・猫の心肺蘇生ガイドライン（RECOVER Guidelines 2012）においても右の図のようなことが明らかに示されていることから循環を評価する有用なツールとして $EtCO_2$ は位置づけられております。

　麻酔モニターにおける $EtCO_2$ の重要度を、再度、見直してみて下さい！！

　心肺蘇生中の $EtCO_2$ の値は

・心拍出量	・脳血流
・冠動脈環流圧	・自己心拍再開（ROSC）
・生存率	・心肺蘇生（の手技）の精度

と相関を示す!!

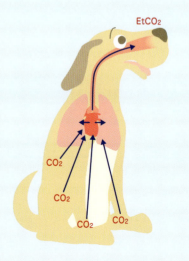

ここでのポイント

〈気道・酸素化のモニター〉

- 測定できない項目や感度の悪さ、手術中に看護動物を観察できないなどの問題はありますが、五感を使ったモニターは非常に重要です。麻酔管理の感覚を研ぎ澄まして、常に意識して五感を働かせるようにしましょう！
- 気道のモニターを行うカプノグラムについて、しっかり理解しましょう！
  - 正常な値は 30 〜 40mmHg
  - 波形の示す意味と異常波形が生じる原因
  - 二酸化炭素の排泄、吸入麻酔濃度、呼吸数の評価が同時に可能
- 酸素化と循環の評価を同時に行うことができるパルスオキシメーターは、非常に有用な麻酔モニターのツール。安定した測定が行えるように、異常値が表示される原因（光、体動、うっ血、色素干渉）を十分に理解して、常にチェックを行いましょう！

〈循環のモニター〉

- 全身への血液の循環は、生命維持においてとても重要です。正常状態における血液循環についてもう一度復習しておきましょう！
- 心臓が血液をしっかり送り出せているか？ のモニターは心電図で行います。拍動の変化や異常に気づき、すぐに対処できるようにしましょう！
  - 正常心拍数、徐脈、頻脈
  - 正常心電図波形、不整脈
  - 異常のときに投与する薬の種類と投薬量
- 心臓から送り出された血液が、しっかりと末梢まで行き渡っているかの評価は、粘膜の色、CRT（毛細血管再充満時間）、パルスオキシメーターにおける SpO_2 と血圧で行います。特に血圧低下には注意が必要です。
  - 正常血圧（収縮期・平均・拡張期）、異常血圧
  - 異常のときの対処法
- 酸素化のモニターとして重要な $EtCO_2$ の示す循環の意味についても学んでおきましょう！

4 そのほかの麻酔モニター

本項では「麻酔維持」についてお話ししています。安全に麻酔できているか？　を確認するための評価項目（モニターする項目と値）が、とても多いことに驚かれているかと思います。ここではモニター部分のまとめをします。日々の診療に役立つ知識を身に付け、そして経験につなげられるように頑張りましょう！

そのほかの循環のモニター

前章の最後の項で、手術中における循環のモニターと心拍数と血圧の重要さについてお話ししました。**心臓が血液を全身へ送り出し、それがきちんと体中に行き渡っているか？** を評価するのが循環のモニターであることが理解できたと思います。

心臓が血液を全身へ送り出せているかどうかの評価には心電図を、心臓が送り出した血液が体中に行き渡っているかどうかの評価には血圧やSpO₂などを用いると説明しました。では、もう一つ、これら以外で循環を評価する項目としては何があるでしょうか？　皆さんの病院ではほかに何をみて「きちんと循環が維持できている」と評価していますか？　実は前章の最後の一文、「～特に**収縮期で80mmHg、平均で60mmHg**を下まわると、脳や肝臓・腎臓などの重要臓器への血流が十分に行き渡らなくなるため、早急な対処が必要となる！」が重要なヒントになります。

同じ文の後半部分に注目してみてください。「～特に収縮期で80mmHg、平均で60mmHgを下まわると、**脳や肝臓・腎臓などの重要臓器への血流が十分に行き渡らなくなる**ため、早急な対処が必要となる！」となります。分かりましたか？　そうです！　これら（脳・肝臓・腎臓など）重要臓器に十分に血流が行き渡っているかどうか？　をモニターの一つとして加えれば良いのです。

重要臓器への血流の評価

では、どのようにして脳や肝臓、腎臓など**「重要臓器」への血流を客観的に評価**すれば良いのでしょうか？　皆さんが普段の手術や麻酔で行っていることを思い出してみてください。しかし何も思いつかないのではないのでしょうか。なぜなら、おそらく多くの動物病院では、これら**重要臓器への血流評価はやっていない**のではないかと思われるからです。

「重要臓器の評価なのにやらなくて大丈夫なのですか？」と驚きの声が聞こえてきそうですが…大丈夫なのです。というよりも客観的な評価ができない部分[※1]なのです。だからといって「完全に無視」しているわけではなく、**普段のモニターで間接的に評価できている**ため、実際には客観的評価は行っていないというだけのことなのです。

つまり、何度も繰り返しますが、前述の一文「～特に収縮期で80mmHg、平均で60mmHgを下まわると、脳

や肝臓・腎臓などの重要臓器への血流が十分に行き渡らなくなる〜」は裏を返せば、「**それまでは血流や酸素は重要臓器へ優先的に行き渡るように維持される**」ということです。

普段のモニターで循環が維持できているという評価は、そのまま重要臓器への血流は維持できているという評価になり、もちろん全身への循環も大丈夫！ ということになるのです。

※1　脳、肝臓そして腎臓などへの血流は、実験的には頭を開けて脳へ行く血管へカテーテルを入れたり、お腹を開けて肝臓・腎臓それぞれへ行く血管にカテーテルを入れて測定することは可能ですが、臨床の現場において、実施することが非常に困難であるため、実際には「行われていない」「できない」と考えます。

加えるべき客観的評価が可能な循環モニター：尿量評価

ずいぶんとまどろっこしく、重要臓器への血流の評価についてお話ししてきましたが、このうち一つだけ、臨床の現場においても臓器の循環のモニターとして使えるものがあります。それは何でしょうか？

脳・肝臓・腎臓への血流の評価のうち、腎臓への血流の評価は比較的容易に行うことができます。それは、**尿量を評価する**ことで可能となるのです！　どうしてでしょうか？　それは尿がどうやってつくられるかを考えてもらうと理解できると思います。

十分な尿量が得られる条件としては、
①腎臓への血流が十分である
②腎臓の機能が正常である
③尿路（腎臓→尿管→膀胱→尿道）に異常がない

を挙げることができます。つまり麻酔前の看護動物の評価において「腎機能は問題ない」（②、③が正常である）と評価された場合、**尿量は腎臓への血流量の適切性を反映する**ことになります。また繰り返すことになりますが、**腎臓への血流が適切であるならば、看護動物の循環動態や循環血液量は適切に維持されている**ことにほかならないのです。

やっと本題であった「加えるべき循環のモニターは尿量測定である」ことが説明できました。次に、尿量測定のポイントについてお話ししましょう。

①**正常な尿量は？**

尿量の正常値は1〜2mL/kg/hrとされています。つまり、体重10kgのコでだいたい1時間に10〜20mLの尿がつくられる計算になります。1mL/kg/hr以下の尿量であれば尿量低下と考えますし、4mL/kg/hr以上の尿量であれば尿量の過剰（輸液量の過剰など）と考えます。

②**尿量測定の間隔は？**

尿量の評価単位がmL/kg/hr（体重あたり、1時間ごとにどのくらいか？）であるため、だいたい**30〜60分間隔**で尿量を測定します。

③**尿量測定の方法は？**

バルーンカテーテル（写真3-13）を挿入・留置して尿量を測定します。カテーテルを挿入後、いったんたまっている尿を抜き、膀胱を空にしてから測定を開始します。バルーンカテーテルの挿入・留置が困難な場合には、細いフィーディングチューブ（写真3-14）でも代用可能です。

④**尿量低下の原因と対処法**

これまで述べてきたとおり、尿量は循環のモニターとして考えるわけですから、問題となるのは**尿量低下（＜1mL/kg/hr）**の場合です。尿量が手術中に低下する原因には以下の3つが考えられます。

腎後性：腎臓の機能や循環には問題がなくカテーテルの閉塞（折れたりつまったり）が原因となっているものです。

腎前性：**腎臓へ行く血液量の低下が原因**となっているものです。モニターとしての尿量においてはこれがもっとも重要なポイントとなります。手術操作によるストレスホルモン（抗利尿ホルモンやアルドステロン）の分泌※2、血圧の低下、脱水（輸液不足）などを考える必要があります。

腎性：腎臓の機能低下が原因となっているものです。多くの場合、手術前の検査でみつけられていることが多いですが、麻酔中（手術中）、麻酔後の腎機能低下にも注意が必要です。

「尿量が低下している」と判断したときには、それぞれの原因に応じて対応していくことになります。麻酔維

持時に特に重要となるのは、腎前性の原因によるものです。これに対しては輸液量の増加（適切な輸液量への設定）、動脈圧の正常化、利尿剤投与で対応していきます。この際、一般的に用いられる薬剤にドーパミン（写真3-15）があります。これは、血圧を上昇させ、特に腎臓へ行く血流を増加させる効果が強いため使う機会の多い薬剤です。

※2　麻酔開始後の約1時間は、十分な鎮痛・鎮静がされていて痛みなどによるストレスがないと考えられる状況であっても、抗利尿ホルモンをはじめとするさまざまなストレスホルモンの血中濃度上昇が認められるとの報告があります。つまり、麻酔導入後1時間程度は循環がきちんと維持されていても、十分な量の尿が産生されないということもあると覚えておいてください。つまり、

「30～60分ごとに尿量のチェックを」と説明しましたが、1時間以内で終了予定の手術の場合、尿量の計測はモニターとしての意義があまりないため、モニターしないことも少なくありません。しかし筆者は、術後腎機能のモニターという意味でもカテーテルでのモニターを行うことが多いです。

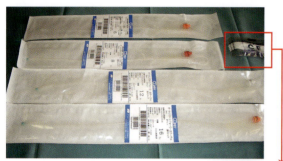

バルーンカテーテルとチューブをつなぐコネクター

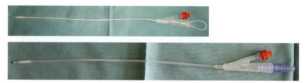

バルーンカテーテルにコネクターを装着したところ

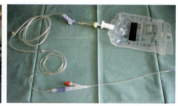

バルーンカテーテルをチューブ、尿バッグと接続したところ

さまざまなサイズ（Fr：フレンチ）があるため、動物の大きさに合わせて選択する。水を入れてバルーンを膨らませることで膀胱内に留置でき、連結管（コネクター）を用いて、輸液の延長チューブなどと接続し、尿バッグへとつなぐ（専用の尿バッグを用いても良いが、筆者は空の輸液バッグを代用している）

写真3-13　バルーンカテーテル

バルーンカテーテルの動物への装着方法

バルーンカテーテルには各サイズごとに上のような表記があり、表示量の水を入れると右の写真のようにバルーンが膨らむ

写真3-14　フィーディングチューブ

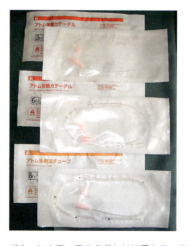

バルーンカテーテルの代わりに尿カテーテルも使用可能。長時間の留置や、強固な固定は困難であるため、動物の皮膚に縫い付けるなどの工夫が必要となる

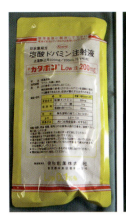
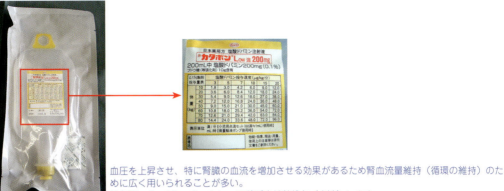

血圧を上昇させ、特に腎臓の血流を増加させる効果があるため腎血流量維持（循環の維持）のために広く用いられることが多い。
投与量：2〜10μg/kg/min で静脈内持続投与（点滴）します

写真3-15　ドーパミン

体温のモニター

いよいよモニターの最後の項目です。ここでは体温のモニターについて説明していきます。体温について、皆さんは麻酔中どのように注意していますか？

麻酔による体温への影響

手術のために全身麻酔を行うと、体のさまざまな調節機構が抑制されます。体温調節中枢の抑制も例外なく起こるため、通常のように体温が調節できなくなります。また、麻酔薬による末梢の血管拡張などの影響も相まって、体温は低下していくことが多いのです（図3-10）。

体温については「下がる」こととあわせて吸入麻酔により体温が持続的に上昇し、致死的状況となってしまう悪性高熱というものがあることも覚えておいてください。しかし、**悪性高熱の発生は動物においては非常にまれ**であるため、麻酔中の体温モニターは体温低下が重要[※3]です！

多くの場合、麻酔中の体温のモニターは直腸温（肛門から測定用のプローブを入れて測る：写真3-16）もしくは食道温（食道内にプローブを入れて測る）となり、一般的には37〜39℃が正常の体温と考えます。

※3　大型犬や原産地が寒冷地の犬は、体温の低下が起こりにくい体の構造となっているので、麻酔中の体温モニターは、ほかの犬と少し勝手が異なります。特に大型犬では内部に熱がこもり、体温が上昇してしまうことが多いため、「**体温モニター＝低体温に注意**」と簡略化せず、正常体温の範囲に維持できるようにこまめに体温を測定し、調節するように心掛けてください！温めるだけでなく、冷やすことが必要になることもあります！

体温低下はなぜ悪いのか

ではなぜ、麻酔中・手術中に体温低下が生じることは動物にとって悪いのでしょうか？　体温低下によって引き起こされる「良くないこと」には以下のようなものがあります。

①循環への影響

体温低下により交感神経系に緊張が生じ、末梢の血管が収縮します。血管の収縮により、血圧の上昇など**循環系のストレスが増大**します。これらの循環系のストレスにより、心臓に十分な量の血液・酸素が行き渡らなくなり、不整脈などを生じ死に至るとの報告もあります。

このストレスの増大は体温35℃という「わずかな体温低下」でも生じるといわれており、30℃まで体温が低下すると、心房細動が生じるリスクがグッと高まると報告されています（ヒト医学領域での報告）。

②麻酔からの覚醒遅延

体温が低下すると、刺激に対する麻酔薬の必要量が低下する（低い麻酔濃度で麻酔維持が可能）のと同時に、麻酔薬が組織へ溶け込みやすくなり、その上、肝臓での代謝、腎臓での排泄も低下するので、麻酔からの覚醒に時間がかかるようになります。体温1℃の低下は、**麻酔の必要量（MAC）を5％低下させる**といわれていることを覚えておくと良いでしょう。

③感染

体温低下により末梢血管の収縮が生じ、末梢への血行が不良となります。これにより傷の部位への血流や酸素供給が十分に行われなくなり、その部位の免疫が低下し、感染が起こりやすくなるといわれています。

通常の体温であれば手術後の感染率が6％程度である

ものが、中程度の体温低下により感染率が19％となるというヒト医学領域での報告もあります。

④血液凝固障害

体温低下により血小板の機能の低下、血液凝固能（血を固まらせる能力）の低下、線溶系（固まった血を溶かす作用）の亢進が起こると報告されており、血が固まりにくく出血しやすくなるといわれています。

⑤シバリング（ふるえ）

体温がある一定の値より低くなると、麻酔からの覚醒時にシバリング（ふるえ）が起こります。シバリングにより体の酸素消費量は2倍となり（通常と比較して酸素が2倍量必要になる）、ふるえるため、手術創を緊張させ痛みが増加し、眼圧の上昇も生じてしまいます。

● 体温低下を防ぐためのさまざまな方法

こうして考えてみると、**体温低下がいかに体にとって悪いものか**が理解できたと思います。麻酔中や手術中に下がってしまった体温をもとに戻す（体温を上昇させる）ことは非常に難しいため、できるだけ体温を低下させないことが重要です。小さな動物ほど体温の低下は早く起こり、またお腹を開ける手術では体温低下が著しくなります。ですから**小型犬や猫などの開腹手術の際がもっとも注意が必要**といえます。

①手術室の温度調節

室温が低ければ麻酔中の患者である動物の体温が低下するのは当然のことですから、夏場に冷房をガンガンに効かせて手術をするというのは良いことではありません。

手術室を温めることで体温低下を防ぐには、25℃以上でなければならないといわれています。手術を行うスタッフは手術着を着て、無影灯にさらされているため想像以上に暑く、この温度は大変であることが理解できると思います。理想としては「できるだけ高い室温で」となりますが、働くスタッフの快適さと動物の状態を考えて適宜室温を調節していくのが良いでしょう。

②温めた輸液の投与

冷えた輸液剤を投与すると体温が低下してしまいますので、体温に近い温度に温めた輸液剤を投与するように

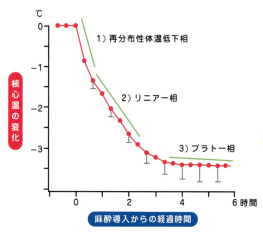

図3-10　麻酔中の体温低下の様式

麻酔中の体温の低下は再分布性体温低下相、リニアー相、プラトー相の3相で起こる。麻酔導入後、約1時間で急速に体温は低下し、2〜3時間後まで持続することに注目

体温プローブ

写真3-16　体温測定

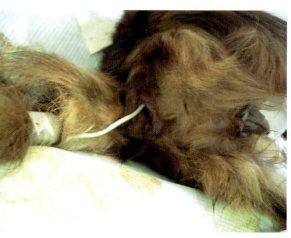

生体モニター装置の体温プローブを肛門から入れて、直腸温の測定を行う

すると良いでしょう（写真3-17）。熱くしすぎないよう注意が必要です。

③患者である動物の加温

これがもっとも一般的に行われる方法で、比較的効率も良いため積極的に行うようにしましょう！　加温マット（写真3-18）のように看護動物と手術台の間に敷いて加温を行うものがよく用いられますが、著しい体温低下に対しては効果はいま一つで、体重がかかって血流の低下した部分で低温火傷を起こしてしまう危険性もあるため、注意して使用する必要があります。

これに対し、効率の良い加温装置として温風式加温装置（写真3-19）があります。動物の体表面全体に行き渡るように温かい空気を送り、動物を温めるもの（布団乾燥機のようなもの）です。

④特殊な輸液剤の投与

麻酔中にアミノ酸を含む輸液の投与により、体温低下を防ぐことができると報告されています。アミノ酸の種類や量などについては、検討中のものが多いですが、非常に有用な方法であると思います。

本章では「安全な麻酔維持」について述べてきました。すべてのモニターについて完璧に説明できた、というものではありませんが、**「麻酔中の危険を察知し、それを避け、麻酔中の動物の命の安全を確保する」**ための必要十分量の項目については説明できたと（勝手に？）思っています。

一つひとつのモニターの意味するところが理解できたならば、次は数種類のモニターを組み合わせて理解することで診断精度は格段に向上します！　つまり「○○モニターでこうなったら××ということを意味する」という基本をまず理解し、次は**「△△という病態になると、○○モニターではこうなり、□□モニターではこうなる」**という理解・覚え方ができるようにしましょう！

いずれにしても「症例あってのモニター」ですから、症例一つひとつの状況をていねいにみる（看る）こと、そこから麻酔モニターがスタートすることを忘れないでください。

電源を入れることでマットが温まり、これを動物と手術台の間において保温（加温）を行う。温水が循環するタイプのものもある。低温火傷に注意することが大切

写真3-18　加温マット

輸液のラインを内部に挟み温めるもの。できるだけ動物の体近くのラインを温めるようにすると良い。輸液を温めることで気泡が発生しやすくなるため注意が必要

写真3-17　輸液加温装置

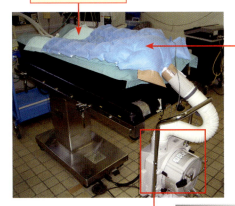

この上に動物を乗せる

表面に小さな穴が開いており、全面から暖かい空気がでてくる

温度調整機能のある温風送付部分（ブロアー）

専用の温風器（ブロアー）から温かい風を送り、動物体表面全面を温めるようにするもので現在、最も保温（加温）効率がよい方法。温風の温度調節も可能で、高い温度で一定時間送風し続けると、自動で温度が下がる機能もあり、安全性にも優れている

写真3-19　温風式加温装置

> **おまけ** "新しい" 循環の考え方

　循環管理の考え方として非常に重要なのは"血圧（平均血圧）の管理を中心とした心臓からの血液の流れの理解"ということはしっかりと理解しておいてください。その上で、最近「ちょっと新しい」循環管理の考え方が注目されているので、ここで紹介させていただきます。

　体の中の循環血液量が足りない状況だと、心臓がいくら頑張っても、また麻酔の濃度を下げても、血圧を上げる薬を入れても正常な・良好な循環の維持は難しくなることは「何となく」理解できると思います。（ポンプの機能がしっかりしていても、ポンプに供給される水が少なければ、水の送り出しが上手くいかないのをイメージしていただければ……）。[1]

　この体の中の"循環血液量が足りているかどうか？"を比較的客観的に評価可能な項目としてPVI（脈波変動指数；Pulse Variety Index）というものが注目されており、これを測定可能な装置の導入が獣医学領域でも積極的に行われるようになってきている印象を受けます。SpO_2を測定する際に得られるプレスシモグラフ（脈の波形）を解析し得られる数値で、人工呼吸管理において評価可能な項目で、ヒト医療ではカット・オフ値[2]などの対応すべき値の基準が比較的明らかになっており、獣医学領域でも今後更なる発展が期待できるモニター項目です。

[1] 循環血液量と心臓機能／心拍出量との関係。心臓が正常な機能を有していれば、心臓に戻る血液（≒循環血液量）に依存して心拍出量（心臓が送り出す血液量）は増加する。しかし、実はある一点を境に"それ以上"は心拍出量は増加しないことも知られている（Frank-Starlingの法則）。

[2] カット・オフ値とは、ある設定基準としての数値であり、この値を境として対応の是非を検討する（べき）数値。ヒトの場合PVIが25より大きいと循環血液量不足による循環変動（血圧低下など）であると判断し、輸液剤の急速投与などを初期対処として行うべきであるとされている。

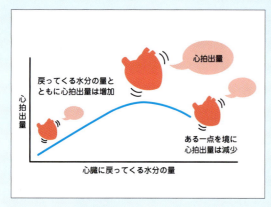

Frank-Starling曲線

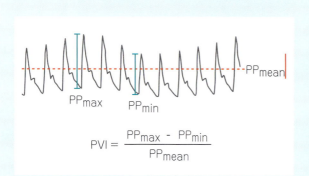

PVIの測定原理と測定可能な装置

Radical-7™（マシモジャパン株式会社）

臨床現場での麻酔管理チェック手順

犬および猫の臨床例に安全な麻酔を行うためのモニタリング指針（p.55参照）を参考に、少なくとも5分ごとに動物の状態を記録・確認し、対応についての手順を考えておきましょう！

以下にその一例を示します。

> □吸入・麻酔濃度____%／____%
> □ECG（HR-RR）、血圧、EtCO$_2$は安定しているか？
> 　→NO→吸入・呼気麻酔濃度check
> 　→特に低下している場合の対応_____
> □眼瞼反射、顎緊張などはあるか？
> 　→NO→吸入・呼気麻酔濃度check
> 　→特に低下している場合の対応_____
> □そのほかの項目はどうか？┬・呼吸数_____回／分
> 　　　　　　　　　　　　　└・体温_____℃（食道・直腸・そのほか）
> □投与薬物_____
> □そのほかの対応_____

ここでのポイント

- 麻酔中の「尿量」は、動物の循環の状態を反映する重要なモニターです。できる限り、尿カテーテルを留置し測定を行うようにしましょう。
- 体温低下は動物にとって非常に悪いもの！ 下がってしまった体温を上げるのは難しいため、麻酔開始直後からできるだけ体温が下がらないように工夫し、積極的に動物を温めましょう！
- 麻酔モニターは一つひとつの単独理解よりも、複数を組み合わせて理解したほうが臨床的有用性が高まります。正常値・異常値を単独で覚えるよりも、病態（病気）によって生じる変化をていねいに理解しましょう！

第 4 章

麻酔からの覚醒

① 準備と手順
② そのほかの処置と術後管理
③ 疼痛管理　〜「痛くない手術」を行うために〜

1 準備と手順

前章までで、麻酔の流れの大部分の説明が終わりました。この章は、手術や処置などが終わり、麻酔の維持を終え、動物を麻酔から覚ましていく過程についての説明になります。この部分は以前にもお話しした通り、飛行機のフライトに例えれば「着陸」に相当する重要な部分ですので、しっかり理解できるようにしましょう！

麻酔覚醒とは？

第3章の冒頭でもお話しした通り、麻酔はよく飛行機のフライトに例えられます。繰り返しの説明になってしまいますが、麻酔導入は離陸、麻酔維持はフライト（飛行）中、そして**麻酔からの覚醒は着陸**に例えて考えることが多いです。

飛行機事故のうち、離陸時と着陸時の事故が大半を占めていることも前に説明しました。やはり麻酔管理においても**導入と覚醒の段階での事故が多く、ここは非常に注意が必要**となります！　では、「麻酔からの覚醒」というのはどのような段階のことをいうのでしょうか？

麻酔覚醒は、「**麻酔薬の投与（吸入もしくは注入）を停止してから、動物が補助なしで起立もしくは歩行できるようになるまでの期間**」と定義されています。つまり手術や処置、検査が終了し、**麻酔を止めてから、動物が麻酔前のもとの状態に戻るまでの期間**と考えれば良いのです。

筆者はよく、「動物が麻酔から覚めるまで、どのくらい観察（モニター）していれば良いのですか？」という質問を受けるのですが、「麻酔覚醒の定義」を考えれば、**「麻酔前の状態に戻るまでモニターする」**というのが答えだと分かりますよね。

また、麻酔からの覚醒は通常「**麻酔導入と逆の状態で生じてくる**」と考えてもらえれば良いです。つまり、十分に眠っている（深い麻酔状態にある）動物が徐々に覚めてくるに従い、麻酔導入とは逆に心拍数や呼吸数、換気量は増加・上昇し、下側に落ちていた眼球がもとの位置に戻り、眼瞼（がんけん）反射や耳を動かす反射が強くなり、ふるえだしたり、嚥下（えんげ）反射（ゴクッと飲み込むようにのどが動く反射）や舌なめずりをするような動きがみられるようになります。このすぐ後に動物は頭を上げたり、足を動かしたり、目を開けて吠えたりするようになっていくのです。

麻酔を終わらせるための準備と手順

では次に、動物を麻酔から覚ましていく手順について考えてみましょう。これまで皆さんも十分に経験され、理解されている通り、麻酔は突然終わらせることができるものではありません！

麻酔を飛行機のフライトに例えた場合、着陸前には航空管制塔との連絡、乗客へのアナウンス（テーブルや背もたれをもとの位置に戻す、シートベルト着用のチェック）などさまざまな準備が必要であるように、麻酔を終了する場合にも当然いろいろな準備が必要です。

緊急着陸のような麻酔終了もできないわけではありませんが、**手順を追って、余裕を持って終了を迎えるほうが安全性が高い**ことはいうまでもありません。

●覚醒に影響する因子の確認と補正

まず、麻酔からの覚醒を妨げる因子、すなわち麻酔覚醒が長くなる要因について理解し、臨床に役立てるようにしましょう！　麻酔からの覚醒を妨げるものには表4-1に示すようなものがあります。

このうち、もっとも重要なものが**麻酔薬の投与持続時間と過量投与**になります。**麻酔時間が長ければ長いほど、当然、動物に投与される麻酔薬の量も多くなるため、麻酔からの覚醒に時間がかかる**ことになります。

また、**低体温や血液の電解質異常などは薬物の代謝に大きく影響を及ぼす**ため、麻酔覚醒前に補正し、速やかに麻酔から覚醒できるようにしておくことも重要です。

●麻酔薬の投与終了

次に「いつ麻酔薬の投与（吸入や注射での持続投与）を中止するか」について考えてみましょう。少し前までは、なかなか効果が切れない（作用持続時間の長い）麻酔維持薬が使われていたため、麻酔を担当する人は「手術が終わる少し前から頃合いを見計らって」投与を中止していました。

現在では、作用が短く調節性の良い麻酔薬が用いられることが多いため、手術の終了を予測した投与の中止＝**手術終了とともに投与を中止**[※1]すると考えることができます。

※1　手術終了の考え方も重要です。「縫合終了＝手術終了」とするのか、「バンテージを巻いたりなど、すべてが終わってから手術終了」とするのかは、術者の先生と相談して決めるようにしてください。

表4-1　麻酔からの覚醒を妨げる因子

- 長時間の麻酔持続、麻酔薬の過量投与
- 代謝異常：低体温、血糖値異常、電解質異常
- 低酸素血症、高炭酸ガス血症
- 薬物：持続時間の長い麻酔薬や鎮痛薬、サイトハウンドにおけるバルビツレート系の麻酔薬[※2]

麻酔からの覚醒が長くかかる犬種
- グレーハウンド
- サルーキ
- アフガン・ハウンド
- ウィペット

※2　サイトハウンドにおけるバルビツレート系麻酔薬
グレーハウンド、サルーキ、アフガン・ハウンド、ウィペットのような犬種では、肝臓の薬物代謝様式がほかの犬種とは異なるため、麻酔からの覚醒がほかの動物よりも長くかかることが多いです。特にバルビツレート系の麻酔薬（チオペンタール・ナトリウムやペントバルビタールなど）の使用の際には、注意が必要です。

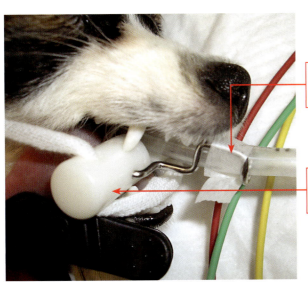

気管チューブ
バイトブロックとテープで固定してずれないようにしてある

バイトブロック
気管チューブが折れたり、動物に噛まれたりするのを防ぐ

写真4-1　気管チューブの挿管

●抜管基準の確認

抜管基準の確認は、抜管後に生じる危険を少なくするためにとても重要な手順です。皆さんの病院では「何を基準に抜管できる」と判断していますか？ 実際の状況を思い出しながら読んでみてください。

1．挿管時の状況のチェック（写真4-1）

抜管後に呼吸状態などが悪くなり、再度、気管内挿管を行わなければならない状態が生じるかもしれません。このような再挿管の場合に備え、挿管時に準備していたものを準備しておいてください。

また挿管のときの状況を思い出し、挿管が難しかったかどうか？ どんなことに注意して挿管の補助をしていたか？ 挿管しやすい保定の仕方はどうだったか？ などにも気を配る必要があります。

手術が終わり、麻酔の投与も終わり、麻酔から覚めた直後のことで緊張も緩み、気持ちの上でも、最初の挿管のときのようにうまくいかないことも多いです。落ち着いて対応できるような心構えでいてください。

2．覚醒状態のチェック

先にも述べましたが、麻酔からの覚醒は通常、麻酔導入の状態の逆の順序で生じてきます。心拍数や呼吸数、さまざまな反射の回復、動物の動きなど、麻酔状態にあった動物が麻酔から覚めてくる状態の変化を注意深く観察してください。

また、抜管の基準となる反射において重要なものは嚥下反射です。この反射が戻ってきたら、麻酔覚醒（抜管）はもう目前であると思って大丈夫です！

3．自発呼吸の状態のチェック

覚醒状態のチェックをしていると、そのうち自発呼吸が徐々に強くなってきます。バッグを押して換気を助けたりしなくても、十分な換気状態が維持できることを確認します。

麻酔モニターのカプノグラム（カプノメーター）やパルスオキシメーターを組み合わせて評価していきますが、1回の換気量が少なく頻呼吸である場合や、呼吸運動が不規則で長く自発呼吸をサボることがある場合には、「まだ安全でない」と判断します。「規則正しい大きな呼吸」を安全と判断する基準としてみてはいかがでしょうか？

4．意識レベルの回復をチェック

自発呼吸が十分に戻り順調に覚醒してくると、意識レベルが「覚醒」へと向かっていきます。ヒトの麻酔の場合、「○○さん、聞こえますか？ 聞こえたら指を握ってください」というような呼びかけ（呼び反応）や指示に対する反応で、意識レベルの回復をチェックしていきます。

動物では、厳密な意識レベルの評価はなかなか難しいですが、そのコの名前を呼んであげたり、耳元で軽く手を叩く、体をさするなどへの反応をみることで、意識レベルの回復をチェックします。

●抜管

抜管基準にある抜管の条件がそろえば、いよいよ抜管です。細かいことですが、この抜管時にもいくつか注意することがあります。

1．誤嚥の防止

口腔内をチェックし、大量のよだれや、口腔内の手術などを行った場合には血液や血餅（けっぺい）などがないことを確認しましょう。これらは抜管後、気管へ流入したり気道閉

抜管基準

1. 挿管時の状況のチェック
2. 覚醒状態のチェック
3. 自発呼吸の状態のチェック
4. 意識レベルの回復のチェック

大量のよだれ、血液・血餅の有無を確認！

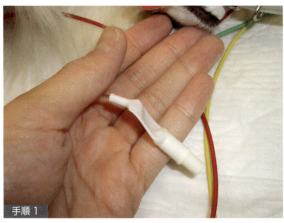
手順1
気管チューブのカフを抜き、抜管できる状況をつくっておく

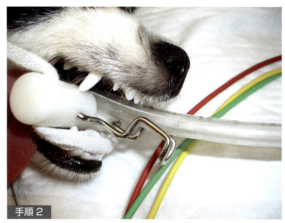
手順2
気管チューブとバイトブロックを止めていたテープを外し、チューブが抜けるようにしておく

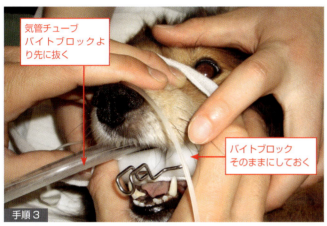
手順3
気管チューブ
バイトブロックより先に抜く

バイトブロックそのままにしておく

バイトブロックはそのままで、チューブだけを先に抜く

a
適切な順序で抜管しなかったため、動物に咬みちぎられた気管チューブ。断端は気管内に存在することになるため、取り出すためには、再度、麻酔をかけなければならず、場合によっては気管切開で取り出すことにもなるため、注意すること！

写真4-2　気管チューブの抜管

塞の原因となるため、みつけた場合にはサクションなどによる吸引除去（ガーゼなどによって、ぬぐい取ること）が必要です。

また、覚醒後に嘔吐することもまれにあります。吐物を誤嚥しないように、少し頭を下げて覚醒させると良いでしょう。

2. 抜管の手順（写真4-2）

抜管の際には、まずカフを脱気してしぼませます[※3]。**十分な反射を確認してから、まずはチューブ、次にバイトブロックの順で動物から外す**ようにしてください。順序を逆にすると、動物がチューブを噛み切ってしまうことがある（写真4-2a）ため注意が必要です。

●抜管後の動物の状態のチェック

抜管後の動物の状態のチェック（モニタリング）は、麻酔中と同様、**5分ごと**に行う必要があります。また、日本の獣医学領域におけるモニタリング指針（p.55参照）ではモニターする項目は麻酔導入前の項目と同様ですが、特に「頭を上げた状態で維持」ということに注目してください。特に、**抜管直後は気道・呼吸のトラブルがもっとも多い時期**[※4]であるため、動物から目を離してはいけません！

視診・聴診を中心に胸の動きや呼吸の音、粘膜の色、CRT（毛細血管再充満時間）に十分注意しましょう。

聴診は一般的に胸部の音を聞きますが、この際、**両側の肺の音を必ず聞き、音の強さや大きさに差がないか？**

[※3] 口腔内の手術や鼻の手術をした場合には、血液や分泌物が気道内に流入しないように、カフを少し膨らませた状態にしたまま抜管したほうが良いことが多いです。

[※4] 麻酔関連促発症を調べた論文（多施設研究の報告）では、犬では麻酔中に続き2番目に、猫ではもっとも死亡率の高い時期が麻酔終了0〜3時間といわれています。

第4章　❶　準備と手順

などにも注意してください。

また胸部の聴診だけでなく、咽喉部（ノドの部分）を聴診することで、気道が閉塞していないか、分泌物はないか、などの状態が分かります。皆さんもぜひ、聴診に咽喉の部分を加えて行うようにしてください。

麻酔は、覚醒して「もとの（通常の）状態」に戻って終了！ といえるのですから、麻酔前のバイタルサインとの比較が重要なのです。当然、手術などの影響があるわけですから、もとの状態と全く同じとはならないでしょう。特に心拍（脈拍）数や体温は手術前と差が出ないほうが珍しいくらいです。しかし、明らかな異常値であれば治療が必要になります。

さて、麻酔覚醒についての流れについてご理解いただけたでしょうか？　本項の内容で麻酔覚醒についてすべて話せたわけではありませんが、皆さんの病院で、麻酔覚醒のときに行っていることと合わせて、ぜひ参考にしてみてください。

- ●麻酔を用いての処置・検査・手術は「動物が麻酔から覚めること」を前提として行われます。覚めない麻酔は麻酔ではありません‼　「覚ます」ことを勉強することで、麻酔に対する理解が深まるのです。
- ●麻酔を終了させるためには、飛行機の着陸前にシートベルト着用などの準備が必要なように、麻酔を終わらせるための準備が必要です（緊急着陸はできる限り避けること）。
- ●麻酔終了のために、覚醒を遅らせる因子の把握、麻酔薬の投与終了、抜管基準の確認、抜管、抜管後の動物の状態のチェックを順に行いましょう。
- ●それぞれの麻酔覚醒の手順には注意すべきポイントがあります。一つひとつきめ細かく確認して、麻酔を終了させることが重要です！

2 そのほかの処置と術後管理

前項では「麻酔からの覚醒」の準備と手順について説明しました。麻酔（飛行機のフライト）を安全に終わらせる麻酔終了（着陸）の大切さと、その準備の重要性についてご理解いただけましたか？　この項では、麻酔覚醒時に行うべき、そのほかの処置と術後管理について述べます。加えて、麻酔（手術）後の看護動物管理についてもまとめます。

麻酔覚醒のときに行うべき「補足的」なこと

前項で、麻酔覚醒は「麻酔を止めてから動物が麻酔前のもとの状態に戻ること」と説明しました。その状態へ安全に持っていくために、皆さんの動物病院で行っていることは何かありますか？　特別なことは行っていないにしても、麻酔薬の投与を中止し、抜管して、はいおしまい！　ということはないと思います。

ここでは、動物をやさしく、安全に覚醒させるためのちょっとしたコツについて考えてみましょう！

● 麻酔薬の投与を中止してから、抜管までに行うべきこと

麻酔薬の投与を中止してから動物が覚醒状態になるまで、何もせずに自然に覚醒してくるのを待つのも一つの方法です。皆さんの動物病院ではどうされていますか？　動物の意識が戻るのをただじっと待っていますか？　それとも、動物に対して何かをして「動物を覚ます」のでしょうか？

動物の意識を回復させるために「何かの刺激を動物に与える」のは大事なことです。一般的には足先や鼻先を「軽く」さすったり、四肢を動かしたり、体をこすったり、口をゆっくりと開けたりといった刺激を与えます（写真4-3）。思いきりつねったりこすったりしないで、あくまでも「覚醒する手助けをしてあげる」くらいのやさしい気持ちで刺激を与える[※1]ようにしてあげてください。ただじっと待つよりは、速やかに覚醒状態を得ることができるでしょう。

また、鼻の真ん中と上唇の間（写真4-4）は人中（にんちゅう）と呼ばれる自発呼吸回復のツボであることが知られています。ここを刺激してあげると自発呼吸が早く戻ってくるかもしれません。

覚醒状態になるまでどうする？

自然に覚醒するのを待つ？

何かの刺激を与える？

※1　すべての症例で何かしらの刺激を与えれば良いかというと、そういうわけでもありません。特に発作やふらつきなどが主訴の中枢神経（脳など）に問題がある、もしくは中枢神経系の問題が疑われる症例の場合、与えた刺激が発作などの問題を引き起こすきっかけとなってしまうことも多いです。このような症例の場合、強い刺激を与えず、自然にゆっくりと麻酔から覚醒してくるのを待つほうが良いでしょう。

抜管してから行うべきこと

抜管後に特に多く起こる問題は、気道・呼吸のトラブルです。ですから、抜管してから行うべきは、このトラブルが生じないように、また、もし万が一トラブルが起きたときにも、すぐに対応ができるようにしておくことであることはいうまでもありません。

ではどのようにすれば良いのでしょうか？ そうです！ 第2章 ④麻酔導入（p.46参照）でもお話しした通り酸素供給を行うことは重要です。気道・呼吸のトラブルが生じた場合でも、100％酸素（純酸素）を吸入させておけば、ある程度体の中には酸素がたまるため、無呼吸や呼吸停止などのトラブルが生じても、あわてないで対応する時間がつくれるのです！ ですから、動物が抜管してからもマスクなどを用いて、少なくとも5分間は100％酸素を吸わせる※2（かがせる）ようにしてあげてください。

50％以上の濃度の酸素を24時間以上吸わせることは、体にとって害になると考えられていますので、ある

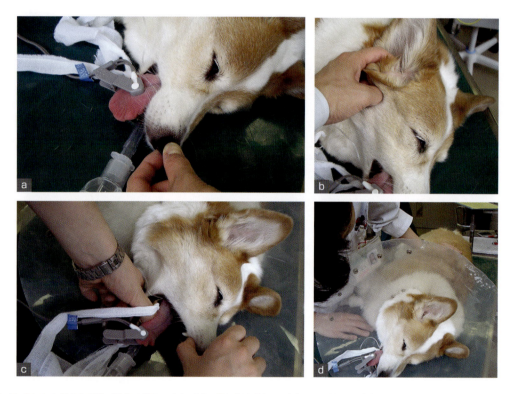

麻酔から覚ますためにさまざまな刺激（動物の鼻をつまむ〈a〉、耳に指を入れる〈b〉、口を開ける〈c〉、声をかけながら動物をさする〈d〉など）を動物に与える。強い刺激を急に与えるのではなく、「やさしく」刺激を与える程度にしておくことが重要！

写真4-3　麻酔から覚醒させるために与える刺激

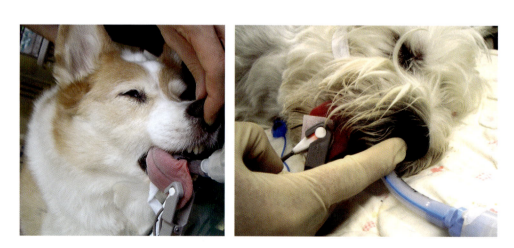

自発呼吸回復のツボとしてよく知られる「人中」を押しているところ。必ず行わなければならないものではないが、多くのセミナーなどで話題にはなるので、試してみても良い

写真4-4　自発呼吸のツボ

程度状態が安定し、それでもまだ酸素をかがせたほうが良いと思われる状態（発作があった場合や、肺に障害があるような場合）の動物には、30〜50％の濃度の酸素をかがせてあげると良い[※3]でしょう（写真4-5・4-6）。

※2・3 抜管直後で100％酸素を5分間かがせる場合には、短い時間で大量の酸素を吸わせてあげる必要があるため、だいたい200mL/kg/min（1分間に体重あたり200mL）の流速で酸素を流すと良いです。その後、30〜50％の濃度の酸素を長い時間吸わせる場合には、1L/min（1分間に1リットル）もしくは100〜150mL/kg/min（体重あたり100〜150mL）くらいの流速で酸素を流し、動物に吸わせてあげると、効果的に酸素を体内に取り込ませることができます。

動物が抜管してからも
**100％酸素を
少なくとも5分間**
吸わせましょう！

気管虚脱の確定のために全身麻酔下で気管支鏡検査を行ったプードル。覚醒後も安全と確認できるまでは、酸素ボックス（写真は保育器）に入れ、酸素吸入をしてあげると良い。このボックスは空気中の酸素を濃縮し、30〜50％の酸素濃度にまですることができる

写真4-5　酸素ボックスの利用

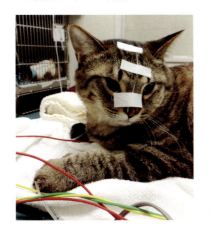

写真4-6　鼻カテーテルからの酸素給与

第4章

❷ そのほかの処置と術後管理

麻酔覚醒後の看護動物管理は？

では、次に麻酔から覚醒した後の看護動物管理について考えてみましょう。手術・処置が終了し、麻酔薬の投与（吸入）を中止し、動物が抜管できた後の状況を思い出しながら読んでください。皆さんは、抜管のできた動物を入院室や入院ケージに戻すまでに、何かしてあげていますか？

麻酔覚醒後管理の目的と注目すべきポイント

いつものように、まずは「どうして麻酔覚醒後の動物の管理（看護）」が必要なのか？　について考えてみましょう！

麻酔から覚めたばかりの動物は、麻酔から「覚醒」しているとはいえ、麻酔をかける前の状態とはだいぶ違ったようにみえると思います。麻酔から覚めてはいるものの、「なんとなく弱々しい」もしくは鳴いたり吠えたりしていて「なんとなく危なっかしい」「なんとなく痛そう」な感じではないでしょうか？

ですから、麻酔覚醒後の動物の管理の目的は、この危なっかしい状況を、安全に通常の状況に持っていくことにあります。少し難しいいい方をすれば、「手術侵襲（手術の刺激、出血など）と麻酔中に使用した薬剤の影響で、予備能力のない状態にある動物の安全確保と疼痛管理」が麻酔後の動物看護の目的になるわけです！

では、その予備能力のない状態の動物の安全確保のためには、特に何に注目し、管理（看護）してあげれば良いのでしょうか？　麻酔からの覚醒後に生じやすい問題に注目して、その対応について考えてみましょう！

麻酔後に生じやすい問題とその対応

①循環の問題

手術による出血、全身麻酔薬・局所麻酔薬の効果の残存、痛みや電解質異常などにより低血圧、高血圧、不整脈などの循環の問題が生じることが多いです。

生じている症状の原因となっているものを把握し、それぞれの症状に対する適切な処置が必要になります。

低血圧：輸液・輸血、血管収縮薬、強心薬、心不全治療薬などの投与で対処します。一般的にはドーパミン、ドブタミン、エピネフリンなどのカテコールアミン系の薬が使われることが多いです。

高血圧：低酸素血症、高二酸化炭素血症、頭蓋内圧亢進などが原因となります。適切な換気管理と投薬（グリセリン〈グリセオール®〉などによる頭蓋内圧降下）で対処します。

不整脈：痛み、電解質異常、薬物の影響などが原因となります。原因を適切に把握し、生じている不整脈の種類に応じた抗不整脈薬の投与が必要になります。

麻酔前から不整脈を生じていた動物や低血圧と一緒に起こっているときには要注意ですが、連続する不整脈でなければ、一般的には特別な処置は必要でないことが多いです。

②呼吸器の問題

先にも書きましたが、麻酔覚醒後に多く起こる問題がこの気道・呼吸に関するトラブルです。分泌物による気道の閉塞、誤嚥による肺の問題（肺水腫）、麻酔からの覚醒が十分でないことによる不十分な呼吸や、舌がのどに落ち込んでいる状態、喉頭のけいれん、痛みなどが原因となります。

換気状態や動物の体にどれくらいきちんと酸素が取り込まれているか？　を評価しなければなりませんが、動物の場合は評価が難しい[※4]のが実情です。「規則正しい

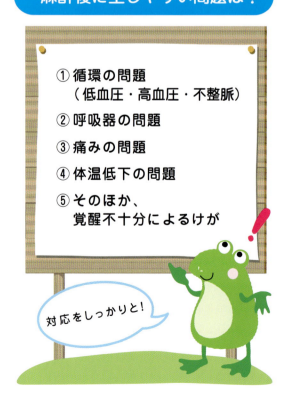

麻酔後に生じやすい問題は？

① 循環の問題
　（低血圧・高血圧・不整脈）
② 呼吸器の問題
③ 痛みの問題
④ 体温低下の問題
⑤ そのほか、
　覚醒不十分によるけが

対応をしっかりと！

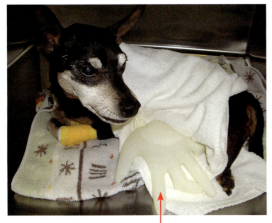
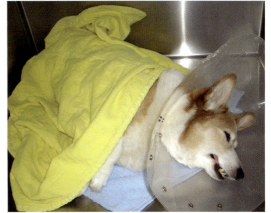

手術用手袋にお湯を入れて「簡易湯たんぽ」として使用している。ただし、こういったものをかじってしまうことのないように、取り除くまではケージのそばなどで観察していてあげましょう！

麻酔から覚めたばかりの動物は十分に体温が回復していないことが多いため、写真のようにタオルで体を覆ったり、湯たんぽで体を温めるようにする

写真4-7　体温低下の防止策

大きな呼吸」がきちんと維持されて、粘膜の色がきちんとピンクであることを確認しましょう！

　問題が生じている場合は、**まずは十分に酸素を吸わせることを第一目標**とし、例えば「気道の分泌物が多いのであれば、吸引や頭を下げるなどの処置」「誤嚥しているのであれば、肺水腫への対応」「舌がのどへ落ち込んでいれば、舌を引き出してあげる」など、それぞれの原因に対して対応していきます。

※4　ヒトの場合、手の指の爪に酸素飽和度を測定するSpO_2プローブを装着し、体内の酸素の満たされ具合を測定することができますが、抜管し覚醒した動物では舌にSpO_2プローブを装着するのは困難であり、ほかの部位への装着（例えば耳など）では正確な評価が難しくなります。そのため、粘膜の色などを評価の指標とするしかないのです。

③痛みの問題

　ところで、①②の問題のどちらの原因にも、この「痛み」が書かれていることに気づかれていることと思います。**痛みは麻酔覚醒後、手術後の問題を引き起こす大きな原因となるため、疼痛管理（痛みの予防）は非常に重要**です。

　疼痛管理については次項で詳しく説明しますが、現在では「動物が痛がっているから鎮痛薬を投与する」という考え方ではなく「**痛みが生じると考えられる処置を行うときには、動物に侵襲を加える前から鎮痛薬の投与を開始し、術後も適切な鎮痛薬投与を継続する**」という考え方が一般的になっていることを、覚えておいてください。

　術後に使用される鎮痛薬にはモルヒネ、ブトルファノール、ブプレノルフィンや各種NSAIDs（メロキシカム、カルプロフェン、ロベナコキシブ、フィロコキシブなど）がありますが、取扱いに注意が必要なものや手術後鎮痛の認可を取っていない薬などもあるため、使用する場合には獣医師に必ず相談し、適切に管理・使用するよう心掛けましょう！

④体温低下の問題

　「覚醒時のふるえ（シバリング）による体の酸素消費量の増加（通常時の2～3倍）」や「手術部位の緊張による痛みの増加などから起こる体温の低下」は、動物の身体にとって非常に悪い影響を与えます。

　麻酔から覚めたといっても、覚醒したばかりの動物は、麻酔前と同じくらいまでには十分に体温が回復していないことが多いです。タオルでくるんであげたり、湯たんぽを用いる（**写真4-7**）などして、体温低下から少しでも早く回復できるようにしてあげましょう！

⑤そのほか

　麻酔からの覚醒のとき、麻酔深度における興奮期である第2期に似た症状を示す場合があります。意識や感覚が十分に戻っていない動物は、自分の舌や足、爪を噛んでしまったり、急に起き上がろうとして倒れ込んだりしてけがをしてしまうことがあります。自分自身（動物自身）を傷つけたり、看護している人がけがをしたりしないよう、カラーの装着や、必要に応じて鎮静薬の投与[※5]

などを行うようにしましょう（写真4-8）。

きちんと覚醒が確認され、自分の体を傷つけたりすることがなくなれば、カラーなどは取り外す

写真4-8　カラー装着

※5　動物が麻酔覚醒の際に、あまりにも興奮してしまうような場合には、鎮静薬を投与しておとなしくさせる場合があります。しかし、ミダゾラムなどのベンゾジアゼピン系の鎮静薬は、術後の痛みをより痛く感じさせてしまうという副作用がヒトで報告されています。動物で「より痛みが強く感じられるようになる」かどうかは分かりませんし、そのような報告はなされていませんが、筆者が術後にこの種類の薬物を使用する際には、必ず鎮痛薬を併用するようにしています。

ここでのポイント

- 麻酔から自然に覚めてくるのを待つのも、麻酔覚醒の一つの方法ですが、動物に適切な刺激を与えることで、よりスムーズな覚醒が得られることが多いです。しかし、発作などの症状がある動物を覚ますときには、自然にゆっくり覚めてくるのを待つほうが良いことを忘れてはいけません。
- 麻酔からの覚醒後には、気道や呼吸に関するトラブルがもっとも起こりやすいです。十分に酸素を吸わせてあげることがいちばんの対処法であるため、その方法、吸わせる酸素の量などを、自分たちの病院にある気化器や酸素ボンベでどのように行えば良いか、普段からチェックしておきましょう。
- 痛みの管理は、麻酔後管理においてもっとも重要です。動物が痛みを感じる前から適切な鎮痛が行えるように、使う鎮痛薬について獣医師と相談しておきましょう！

3 疼痛管理 〜「痛くない手術」を行うために〜

麻酔からの覚醒において、もっとも大きな問題を引き起こす原因となるものに「痛み」があることを、前項で説明しました。ここでは**疼痛管理（痛みのコントロール）の重要性**と、その具体的な方法について説明しようと思います。皆さんの病院でも実施している、「痛くない手術」を行うための麻酔・鎮痛法を思い出しながら読んでみてください。

鎮痛って何？

この項では、「**鎮痛**」すなわち**痛みのコントロール**とはどういうことなのか？　について詳しく考えてみましょう。

皆さんは、現在「鎮痛」（疼痛管理、痛みのコントロール）とはどういうものであると理解していますか？　人の「痛み」についての学会である国際疼痛学会（International Association for the Study of Pain：IASP）では、「痛み」と「鎮痛」を次のように定義しています。

痛み：組織の損傷を引き起こす、あるいは損傷を引き起こす可能性のあるときに生じる「不快な感覚」や「不快な情動を伴う体験」（あるいは、そのような損傷を表現する用語で表される「不快な感覚」や「不快な情動を伴う体験」）。

鎮痛：薬物やほかの治療方法により「**痛み」の感覚を取り除く**こと。

分かったような分からないような……とにかくさまざまな刺激・損傷により「痛い」と不快に感じることを「痛み」と定義し、その感覚を何かを使って感じなくさせることを「鎮痛」としているのですね。ここでポイントになるのは、「痛いと**感じる**」ことと「痛みを**感じなくさせる**」ということです。

なぜ鎮痛が必要なの？

では次に、なぜ鎮痛すなわち痛みの治療が必要なのか考えてみましょう！　皆さんはどうして、看護動物の痛みを取り除いてあげようと思うのでしょうか？

少し前までは、「動物は痛みに対して強いから、鎮痛など必要ない」という考えが広く広まっており、さらには「痛みがあることで動物はあまり動かないため、傷が治るのが早くなる」であるとか「痛みがあるとその部位を舐めないので、傷口の化膿を防ぐことができる」というようにいわれていたため、動物の手術において鎮痛を考慮することはあまり一般的ではありませんでした。皆

さんはこの話を聞いてどう思いますか？

恐らく、多くの方が「そんなことはない！ 動物だって痛みを感じるんだ！」「痛みを取ってあげることは大事なんだ！」とおっしゃると思います。そうです！ その通りです。現在では、この「動物の痛みを取ってあげることは大事!!」という考えが一般的になっているため、獣医療の領域でも「鎮痛」の重要性が注目されているのです。

では、話はもとに戻りますが、なぜ鎮痛が必要なのでしょうか？ 前項でも記しましたが、痛みは麻酔後、手術後の問題を引き起こす大きな原因となりうるために、鎮痛は大事なのです。では考えてみましょう。「どんな問題が引き起こされるのでしょうか？」

痛みにより引き起こされる問題には表4-2のようなものがあります。いずれも動物の体にとって良くないことであり、手術の影響からの回復を妨げるものなので、可能な限り、その問題が生じないように、「鎮痛＝痛みの管理」をしてあげることが大事なのです！

痛みが引き起こす体への影響は？

- 呼吸への影響
- 循環への影響
- 消化管機能への影響
- 泌尿器への影響
- 内分泌系への影響
- 精神面への影響

表4-2 痛みにより引き起こされる体への問題

影響が生じる部位	生じる体の変化	生じる問題
呼吸への影響	肺活量、一回換気量の低下 発咳反射の抑制、深呼吸抑制	呼吸機能の低下 分泌物貯留、低換気、無気肺
循環への影響	交感神経刺激による頻脈、血圧上昇	心筋酸素消費量の増加、心筋虚血
消化管機能への影響	胃腸運動低下	嘔気・嘔吐、術後腸閉塞
泌尿器への影響	尿路機能低下	排尿困難、尿量低下
内分泌系への影響	カテコールアミン分泌亢進 異化ホルモン遊離促進	代謝亢進、酸素消費量増加 体力回復遅延
精神面への影響	不安・恐怖	回復を障害（鎮痛薬などの、より多くの投与が必要）

どの手術がどれだけ痛いの？

手術により生じる痛みが動物にとって良くないものであり、それを防いであげることが大切であることは理解できましたか？ では次に、生じる痛みをどうやって防いであげるかについて考えていくことにしましょう。

その前に、日頃皆さんが目にする手術がどれだけ痛いか？ をしっかりと理解することが重要です。「去勢手術はそれほど痛くないけど、避妊手術はそれより痛い、骨折はもっと痛い」くらいの分類でも良いのですが、この際ですから、手術の種類と、それにより生じる痛みの程度について、きちんと分類してみましょう！（表4-3）このあらかじめどのくらい痛いか？ を考えて分類するシステムを先取りスコア化システムといいます。

表4-3 さまざまな外科手術により生じると推察される、痛みの程度の分類

痛みの程度	外科手術の種類
軽度～中等度の痛み	去勢手術、歯石除去、抜歯、気管切開術、耳血腫の手術、後腹部（下腹部）の外科手術、橈・尺骨／脛・腓骨の骨折整復術
中等度～重度の痛み	下顎骨切除術、胸椎・腰椎の椎間板手術、前腹部（上腹部）の外科手術、上腕骨の骨折整復術
非常に強い痛み	断脚術、全耳道切除術、腎摘出術、開胸術（特に胸骨正中骨切り術）、頸椎の椎間板手術、骨盤骨折整復術、乳房切除術

どうやって痛みを取り除けば良いの？

　それぞれの手術手技により、さまざまな程度の痛みが生じることが分かりましたか？　この辺でやっと本題に近づいてきました。

　ここでは「どうやって、手術により生じる痛みを取り除いてあげれば良いのでしょうか？」ということについて考えてみましょう。皆さんが日頃よく使うイソフルランなどの揮発性麻酔薬だけで、痛みを取り除くことはできているのでしょうか？　わざわざ鎮痛薬を使う必要があるのでしょうか？

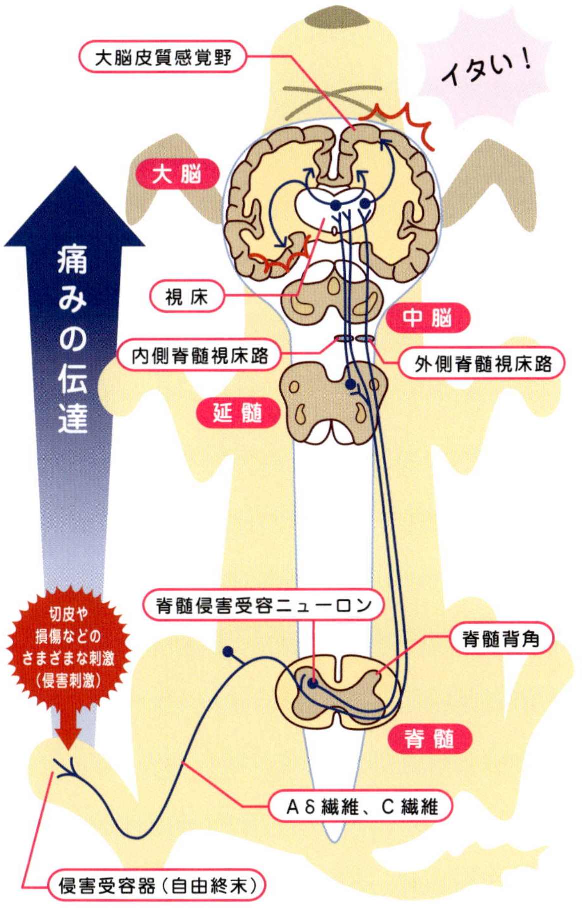

　まずは手術により生じる「痛みの発生機序」についてちょっと考えてみましょう。「痛み」とは、手術による侵害刺激（皮膚や臓器を切る刺激や、臓器を持ち上げたりする刺激など）が脊髄に入り、その刺激を「痛みの感覚」として大脳が感じることで成立します。

　つまり、「侵害刺激→侵害受容器興奮→伝達・修飾→脳」という一連の流れの中での刺激の認識が痛みを感じる仕組み（知覚感覚＝痛い！）なのです（図4-1）。この感覚を抑制するために「麻酔」を使うわけですが、一般的に使われるイソフルランなどの揮発性麻酔薬だけでは、痛みの認識を阻害、阻止することはできていても実は、伝達を阻止することはできていません。

　どういうことかというと、揮発性麻酔薬で動物は眠っている（≒感覚が認識されない）ので手術により生じた侵害刺激は、手術中は「痛い！」と認識されなくても、手術中に記憶されてしまい、痛みの認識が戻った麻酔覚醒後・術後になって「痛い！」と感じてしまうことになるのです。

　極論をいえば、イソフルランなどの揮発性麻酔薬だけでは、痛みを完全に防ぐことはできていない！　ということになります。つまりどんな手術でも、きちんと痛みの管理を行うためには、必ず鎮痛薬の併用が必要になるのです！

　このように、手術の際には必ず鎮痛薬の投与が必要なわけですが、その使用にあたっては「周術期疼痛管理」（p.100参照）といって、手術中だけでなく、手術前－手術中－手術後の一連の流れの中で、各ステージにおける重要ポイントを考慮した鎮痛薬の使用が重要になりま

図4-1　「痛み」の発生機序

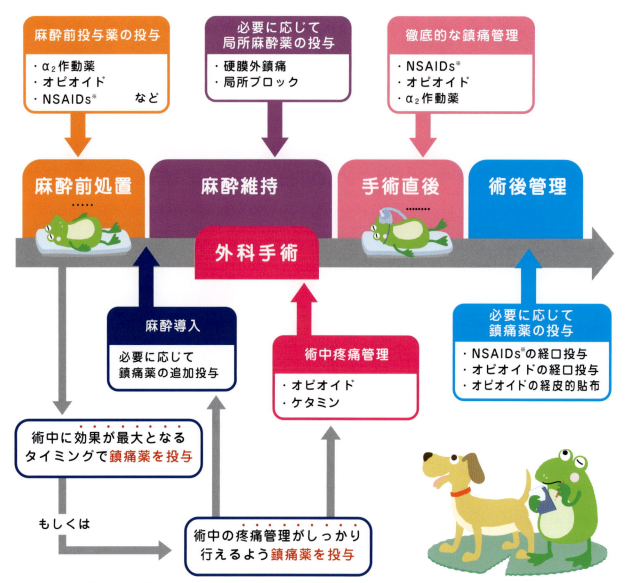

図4-2 「周術期疼痛管理戦略」の考え方

※NSAIDs：非ステロイド性消炎鎮痛剤で、炎症部位における消炎鎮痛が主な作用。わが国で手術前に用いることができるのはリマダイル®（カルプロフェン：犬）とメタカム®（メロキシカム：犬・猫）およびプレビコックス®（フィロコキシブ：犬）とオンシオール®（ロベナコキシブ：犬・猫）のみ

す。

また、手術により生じる痛みの種類、動物の全身状態（ASA分類：p.36参照）をもとに、使用する鎮痛薬の種類や組み合わせを変えていく必要があります。

それぞれのステージで用いるべき薬の種類や、投与量、手術の種類によって用いるべき薬については後述しま

す。しかし、看護する立場にいる皆さんにとって重要なのは、実際の薬の種類や投与量などを覚えることだけではなく、図4-2に示した、「周術期疼痛管理戦略」の考え方を理解することではないかと筆者は思っています。

このことを十分踏まえた上で、次の項へ進むことにしましょう。

周術期疼痛管理におけるステージごとの鎮痛薬の選択法

●手術前に投与する鎮痛薬
▶▶考え方

ここで投与される鎮痛薬は「麻酔前投与薬」として用いられるものになります（p.37参照）。いわゆる「先取り鎮痛」という「動物が痛みを感じる前に鎮痛薬を投与する」という考え方です。

不安を感じている動物は痛みの感覚が増してしまうため、症例の状態に問題がなければ、トランキライザーなどの鎮静薬の投与の併用も考慮したほうが良いのです。

▶▶投与される鎮痛薬と投与量

■ オピオイド

◎麻薬性
モルヒネ：
　0.25〜1.0mg/kg　i.m.　s.c.（犬）
　0.1〜0.2mg/kg　i.m.　s.c.（猫）
フェンタニル：
　5〜10μg/kg　i.m.　i.v.（犬）
　2〜5μg/kg　i.v.（猫）
　　＊猫では興奮作用が強く出るため、高用量での使用は避けるようにする

◎非麻薬性
ブトルファノール：
　0.2〜0.8mg/kg　i.m.　s.c.　i.v.（犬・猫）
ブプレノルフィン：
　0.005〜0.02mg/kg　i.m.　s.c.　i.v.（犬・猫）
トラマドール
　2mg/kg　i.v.

■ NMDA受容体拮抗薬

ケタミン：
　0.5mg/kg　i.m.　i.v.（犬・猫）

■ α₂作動薬

メデトミジン：
　0.001〜0.01mg/kg　i.m.　s.c.　i.v.（犬・猫）

■ NSAIDs

カルプロフェン：
　4.4mg/kg　s.c.（犬）
メロキシカム：
　0.2mg/kg　s.c.（犬・猫）
フィロコキシブ：
　5mg/kg　p.o.（犬のみ）
ロベナコキシブ
　2mg/kg　s.c.（犬・猫）

●手術中に投与する鎮痛薬
▶▶考え方

ここで投与される鎮痛薬は手術中に加わると考えられる最も強い痛み刺激を十分に防ぐことができるものが選択されます。現在では作用時間の短い鎮痛薬を持続投与し、手術中ずっと投与し続けるのが一般的です。

▶▶投与される鎮痛薬と投与量

■ オピオイド

◎麻薬性
フェンタニル：
　10〜40μg/kg/hr　i.v.（犬）（定速静脈内持続注入）
　1〜4μg/kg/hr　i.v.（猫）（定速静脈内持続注入）
レミフェンタニル：
　術中鎮痛　20〜60μg/kg/hr　i.v.（犬）（定速静脈内持続注入）
　術中鎮痛　20〜40μg/kg/hr　i.v.（猫）（定速静脈内持続注入）

◎非麻薬性
ブトルファノール：
　20〜50μg/kg/hr　i.v.（定速静脈内持続注入）

■ NMDA受容体拮抗薬

ケタミン：
　0.6mg/kg/hr　i.v.（定速静脈内持続注入）

■ そのほか

◎局所麻酔薬
リドカイン：
　3mg/kg/hr　i.v.（犬）（定速静脈内持続注入）
　4〜7mg/kg（犬）、1〜4mg/kg（猫）
　　＊手術部位に直接滴下したり、ブロック麻酔として用いる
ブピバカイン：
　1〜2mg/kg（犬・猫）
　　＊手術部位に滴下、ブロック麻酔

◎硬膜外鎮痛
少量のオピオイド単独もしくは局所麻酔薬と組み合わせて、硬膜外腔へ投与（図4-3）。副作用が少なく作用持続時間が長いため、手術後の鎮痛としても有用。しかし、十分な鎮痛作用は下腹部領域でしか得られないことが多い。
モルヒネ：
　0.1mg/kg（犬）、0.03mg/kg（猫）
　　＊体重4.5kgにつき1mLの生理食塩液で希釈し投与
　　＊作用持続時間：20〜24時間
ブピバカイン：
　0.25%　0.2mL/kg、0.5%　0.1mL/kgを体重4.5kgにつき1mLの生理食塩液で希釈し投与（最大6mLまで）
　作用持続時間：4〜6時間
リドカイン：
　2%となるように、体重4.5kgにつき1mLの生理食塩液で希釈し投与（最大6mLまで）
　作用持続時間：1〜2時間

第4章　❸ 疼痛管理 〜「痛くない手術」を行うために〜

モルヒネ：
0.1mg/kg ＋ブピバカイン
体重4.5kgにつき、1mLの0.25%ブピバカインでモルヒネを希釈し投与
作用持続時間：24時間以上
フェンタニル：
0.001mg/kg
体重4.5kgにつき、1mLの生理食塩液で希釈し投与
ブプレノルフィン：
0.005mg/kg
体重4.5kgにつき、1mLの生理食塩液で希釈し投与
作用持続時間：12～18時間

● 手術後に投与する鎮痛薬
▶▶考え方

手術後の動物が快適に過ごせるように、「麻酔から覚醒する前から」手術後の鎮痛については考慮しておく必要があります。麻酔覚醒後4～9時間がもっとも痛く、24時間は強い痛みが持続するということを覚えておくと良いでしょう。手術前に投与したものを量を減らして用いるのが一般的です。

また、モルヒネの徐放剤（経口薬）やフェンタニルパッチ（貼り薬　写真4-9）など新しい薬も多く、これから研究が進むと思われます。

▶▶投与される鎮痛薬と投与量
■ オピオイド
◎麻薬性
モルヒネ：
0.5～1.0mg/kg　p.o.　b.i.d.～q.i.d.（犬）
0.25～0.5mg/kg　p.o.　b.i.d.～q.i.d.（猫）
フェンタニルパッチ：
貼布後12～16時間で有効血中濃度に達する
鎮痛作用は約72時間持続
体重～5kg；2.5mgパッチの半分
5～10kg；2.5mgパッチ
10～20kg；5mgパッチ
20～30kg；7.5mgパッチ
30kg～；10mgパッチ
◎非麻薬性
ブプレノルフィン：
0.01mg/kg　i.m.　b.i.d.（犬・猫）

■ NMDA受容体拮抗薬
ケタミン：
0.12mg/kg/hr　i.v.（定速静脈内持続注入）（犬・猫）

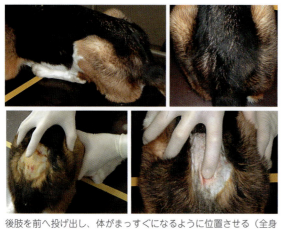
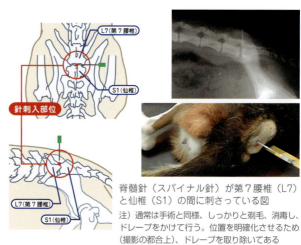

後肢を前へ投げ出し、体がまっすぐになるように位置させる（全身麻酔をかけた状態で）。第7腰椎と仙椎の間を指で触れる

脊髄針（スパイナル針）が第7腰椎（L7）と仙椎（S1）の間に刺さっている図
注）通常は手術と同様、しっかりと剃毛、消毒し、ドレープをかけて行う。位置を明確化させるため（撮影の都合上）、ドレープを取り除いてある

図4-3　硬膜外鎮痛法

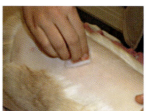

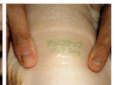

皮膚の汚れなどがひどいときには、毛刈りの後皮膚をぬるま湯などに浸したガーゼで拭き、汚れをふき取り、十分に皮膚が乾いてから貼布の準備をする。

写真4-9　フェンタニルパッチ

■ NSAIDs
カルプロフェン：
　4.4mg/kg　p.o.　s.i.d.（犬）
　2.2mg/kg　p.o.　b.i.d.（犬）
メロキシカム：
　0.2mg/kg　p.o.　s.i.d.（犬）術後1日目（犬）
　→0.1mg/kg　p.o.　s.i.d.
　0.2mg/kg　p.o.　s.i.d.（猫）術後1日目
　→0.1mg/kg　p.o.　s.i.d. 術後4日まで
ロベナコキシブ
　1mg/kg　p.o.（犬・猫）術後6日まで（猫）
　＊食事前後30分を避けることが望ましいとされる

略語　i.v.：静脈内投与　i.m.：筋肉内投与　s.c.：皮下投与
　　　p.o.：経口投与　s.i.d.：1日1回　b.i.d.：1日2回　q.i.d.：1日4回

周術期疼痛管理における手術の種類ごとの鎮痛薬の選択法

　では次に、どんな手術のときにどんな鎮痛薬の使用が必要なのか？　について考えてみましょう！「どの手術がどれだけ痛いの？」の項（p.98参照）を参考にして考えていく必要があります。簡単に考えると、「中等度以上の痛み」を生じると考えられる手術・処置の場合には、比較的作用の強い薬を複数組み合わせていく必要があります。

「軽度〜中等度の痛み」を伴う手術に対して選択される鎮痛薬の組み合わせ
- 非麻薬性オピオイド
- NSAIDs
- 局所麻酔薬

「中等度〜重度の痛み」を伴う手術に対して選択される鎮痛薬の組み合わせ
- 麻薬性オピオイド
- NSAIDs
- 局所麻酔薬

「非常に痛みが強い」手術に対して選択される鎮痛薬の組み合わせ
- 麻薬性オピオイド
- NSAIDs
- 局所麻酔薬

　また2014年5月にWSAVAから世界的な疼痛管理ガイドラインが発表されました＊。まだ英語版ですが、各国の事情に合わせて逐次翻訳されることも決まっているようです。これを手にする日には、具体的な手術内容ごとの具体的疼痛管理プロトコールを手にすることができますので乞うご期待！

＊ http://www.wsava.org/guidelines/global-pain-council-guidelines

手術後の動物はどのくらい痛いの？

　それでは最後に、手術を受けた動物がどのくらい痛いのか？　ということについて考えて、その評価をしてみることにしましょう！　自分やまわりの人のことを考えれば分かるように、「痛み」というのは個人個人で感じ方が異なり、また、その表現の方法も異なりますね。ちょっとした擦り傷なのに、大騒ぎして泣く子どももいれば、じっと痛みを我慢する子どももいると思います。動物もこれと全く同じで、痛みの感じ方、表現の方法はそれぞれの個体で異なります（写真4-10）。
　この客観的評価の難しい痛みの評価（どのくらい痛いか？）を、うまくできるようにとつくられたのが、動物のいたみ研究会（http://www.dourinken.com/itami.htm）の作成した「犬の急性痛ペインスケール」です（図4-4）。この指針をもとに、より分かりやすく犬の痛みを評価するツール（図4-5）などもつくられているので、皆さんがこれまでの経験で感じている「何となく痛そう」「何となくつらそう」という部分をよりはっきりと理解してあげるためにも、これらを有効に活用できるようにしましょう！
　ただしこれは「犬の…」というように、犬の評価だけなので、猫の評価は皆さんの感覚に頼る部分がまだまだ多いのです。手術後の動物をよく看て、その様子をきちんと伝えられる。これこそが、動物看護に携わる皆さんが本領を発揮できる領域です。スケールの有無にかかわらず、しっかりと「みる目」を養い、診療の現場で役立ててくださいね。

避妊手術を受けた翌日のシー・ズー
十分な鎮痛処置を施したはずなのに性格的に弱く、落ち込んで食欲もない（筆者の愛犬「しぃ」です）。

椎間板の手術を受けたミニチュア・ダックスフンド
手術後鎮痛処置をしているため痛がることはなく、おとなしくしている。鎮痛作用とともに鎮静作用もかかっていることに注目しなければならない

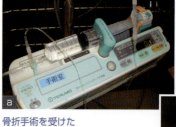

骨折手術を受けたヨークシャー・テリア
比較的大きな侵襲（痛み）を伴う手術であるが、適切な鎮痛処置がなされ（a、b）、また手術後も鎮痛薬の適切な持続投与により非常に良好な状態にいるのが分かる

写真4-10　手術後の動物のさまざまな様子

犬の急性痛ペインスケール

注）「痛みの徴候はみられない」場合、レベル0という判定になる

●レベル1	●レベル2	●レベル3	●レベル4
□ ケージから出ようとしない	□ 痛いところをかばう	□ 背中を丸めている	□ 持続的に鳴きわめく
□ 逃げる	□ 第3眼瞼の突出	□ 心拍数増加	□ 全身の硬直
□ 尾の振り方が弱々しい、振らない	□ アイコンタクトの消失	□ 攻撃的になる	□ 間欠的に鳴きわめく
□ 人が近づくと吠える	□ 自分からは動かない（動くよう促すと動く）	□ 呼吸が速い	□ 持続的に鳴く
□ 反応が少ない	□ 食欲低下	□ 間欠的に唸る	□ 持続的に唸る
□ 落ち着かない、ソワソワしている	□ じっとしている（動くよう促しても動かない）	□ 間欠的に鳴く	□ 食欲廃絶
□ 寝てはいないが目を閉じている	□ 術部に触られるのを嫌がる	□ 体が震えている	□ 散瞳
□ 元気がない	□ 耳が垂れたり、平たくなっている	□ 頬にしわを寄せた表情	□ 眠れない
□ 動きが緩慢	□ 立ったり座ったり	□ 体に触れたり、動かそうとしたりすると怒る	
□ 尾が垂れている		□ 流涎	
□ 唇を舐める		□ 横臥位にならない	
□ 術部を気にする、舐める、咬む		□ 過敏	
□ ケージの扉に背を向けている		□ 術部を触ると怒る	

判定レベル：

図4-4　犬の急性痛ペインスケール

※動物のいたみ研究会の資料をもとに作成（一部改変）

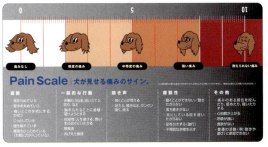

表面　　　　　　　　　　　　　　　　　　　　　　　　裏面

図4-5　「痛みのサイン」を見極めるツール

ここでのポイント

- 手術の刺激に伴う痛みは、動物にとって非常に悪いものです。痛みを感じること、そしてそれを防ぐ手段について、しっかりと理解して有効な鎮痛法を考えましょう！
- 「周術期疼痛管理の戦略」についての理解は非常に重要です。手術前、手術中そして手術後の、どのステージでどの薬を使うのが効果的か？　について、いつも頭の中で考えるようにしましょう！
- 動物の痛みを客観的に評価するのは非常に難しいです。麻酔前から動物をよく観察し、手術後にどのくらい痛いのか？　を分かってあげられるように、ペインスケールの表などを有効利用してみましょう。また、その子の性格まで考えて評価・管理できるようになれば最高です！

♣ 痛みなんてなくなればいいのに？ ♣

本項で説明した「鎮痛」（痛みを抑えること）について考えてみると、「痛い」と感じる感覚を、薬などを使ってなくすようなことをわざわざするのであれば、「最初から痛みの感覚なんてなくなればいいのに！」「体に痛みの感覚がなくなったらどんなに楽か……」と考えたりしませんか？

ちょっと本題の道筋からはずれてしまいますが、「どうして体には痛みを感じる感覚があるのか？」について考えてみましょう。人には「先天性無痛症」という遺伝病があり、生まれながらに痛みを感じない人がいます。「痛みを感じないなんて、なんていいのだろう！」と思いがちですが、よく考えてみてください。痛みを感じないということは「何をしても痛くない」ということなのです。当たり前のことですが……。

例えば、痛みを感じなければ、高いところから飛び降りて骨折しても「痛くない」、転んで手をつかず顎を強打しても「痛くない」、開かないビンのふたを必死に開けようとしても、手が痛みを感じれば、そこまでが限界なのだと分かるけれど、痛みがなかったら、骨が折れても開けようとするかもしれない。高いところから飛び降りても「平気」だと認識してしまう。手を切り刻んでも血が出るだけ……というように自ら生命を危険にさらすことになります。

つまり、『痛み』は生きていく上でなくてはならない身体が発する非常に重要なシグナルなのです!!　でも、強い痛みの継続は体にとって悪い影響を及ぼすため防がなければならない……、痛みの管理、難しいですよね。

第5章

事例で学ぶ麻酔の実際
〈特に注意すべきケース〉

1. 短頭種の犬の麻酔
2. 肥満動物の麻酔
3. 心臓に問題がある動物の麻酔
4. 肝臓に問題がある動物の麻酔
5. 腎臓に問題がある動物の麻酔
6. 神経に問題がある動物の麻酔
7. 若齢動物の麻酔
8. 高齢動物の麻酔

1 短頭種の犬の麻酔

これまでに、全身麻酔の一般的な流れと重要ポイントを順を追って説明してきました。あいまいだった部分や不安だった部分は取り除けたでしょうか？ 麻酔に対する苦手意識が少しは薄まってくだされればうれしく思います。本章では「特に注意すべきケース」、すなわち「さまざまな特殊な状況における麻酔」や「特別な疾病を持つ動物への麻酔」についてお話ししていこうと思います。最初は"短頭種の犬の麻酔"についてです。

短頭種の犬の特徴は？

初めに、短頭種の犬の特徴について説明します。もう皆さんご存じの通り、短頭種（Brachycephalic Dog）とは**頭が短く**（実際は鼻が短いような感じがしますが）、**顔が丸く、口の大きさに対して舌が厚く長い**、といった特徴を持つ犬種の総称です。代表的な犬種には**ボストン・テリア、チャイニーズ・シャー・ペイ、パグ、イングリッシュ・ブルドッグ、フレンチ・ブルドッグ、ラサ・アプソ、ペキニーズ、シー・ズー**などがあります（写真5-1）。犬種の顔や姿を思い浮かべてみると、「短頭種の特徴」が簡単に思い浮かびますよね？

ボストン・テリア　　パグ　　フレンチ・ブルドッグ　　ペキニーズ

いずれの短頭種においても認められる、「短くて大きな頭」「狭い鼻孔」「厚くて長い舌」に注目

写真5-1　さまざまな種類の短頭種

なぜ短頭種の麻酔は危険なの？

麻酔の現場に立たれている皆さんは、「きょうの麻酔は、短頭種だから気を付けてね！」という言葉を耳にする機会が多いと思います。院長先生や一緒に仕事をしている獣医師が口にするのを聞いたことがあるでしょう。中には短頭種の麻酔のときに状態を悪くさせてしまったり、看護動物が亡くなってしまったりという苦い経験をされた方もいるかもしれません。

「**短頭種に麻酔をかけるときには、普段以上に注意が必要**」という認識は、すでに当然あるとは思いますが、まずは「どうして短頭種の麻酔は危険なのか？」ということについて考えてみましょう！

短頭種が来院してきたとき、じっくりゆっくり、その顔の外貌（がいぼう）を確認してください。多くの短頭種は鼻の穴が小さく狭くなっています（外鼻孔狭窄（がいびこうきょうさく））。口を開けて、

のどの奥を覗き込んでみてください。軟口蓋が非常に長くなっており（軟口蓋過長）、のどの奥をきちんと確認するのが難しいと思います。また、X線や触診で気管の太さを確認してみてください。同じくらいの体重の犬と比べて気管の径が非常に細いと思います（気管低形成）。

これら短頭種の解剖学的特徴として、体内への酸素（空気）の取り込みが妨げられるため、普段の状態でも呼吸障害を起こしやすい状態にあります。これと併せて、短頭種の"ギュッと詰まった顔の構造"のため、のどの部分の神経分布が密となり、そのため短頭種の迷走神経の緊張は非常に高い状態となっています。迷走神経の緊張は心臓へ大きく影響を及ぼし、特に不整脈や急な心停止を引き起こしてしまうため、短頭種は呼吸障害とともに、循環障害をも引き起こしやすい状態にあるといえます。

この呼吸障害と循環障害を起こしやすいという二つの特徴だけでも、「麻酔は普段より危ないな」という感覚になると思いますが、当然、多くの麻酔薬は呼吸抑制作用を持っていますし、多かれ少なかれ循環抑制作用を持っています。これらを総合すれば「短頭種の麻酔は非常に危険」ということが簡単に理解できると思います！

短頭種で認められる解剖学的特徴をひとまとめにして「短頭種症候群　Brachycephalic Syndrome（表5-1）」という呼び方をしますので、ついでに覚えておきましょう。これら特徴的な構造によりイビキ、喘鳴※1、運動不耐性、チアノーゼ、虚脱などの臨床症状が確認されます。

※1　喘鳴
呼吸器官の狭窄による「ゼイゼイ」いう音のこと。

表5-1　短頭種症候群と呼ばれる短頭種の犬における解剖学的特徴

外鼻孔狭窄	軟口蓋過長	喉頭嚢の外転	喉頭虚脱
喉頭麻痺	気管低形成	扁桃腺の腫脹	咽頭粘膜の浮腫

短頭種の麻酔では何をどう注意すればいいの？

では次に、普通の状態でも呼吸や循環の問題が起こりやすい状態にある短頭種に麻酔をかける場合、どんなことに注意して麻酔を行えばいいのか？について考えてみましょう！

これまで学んできた流れに沿って、麻酔前・麻酔導入時・麻酔維持中・麻酔からの覚醒期のそれぞれのステージに分けて考えていきます。

短頭種の麻酔前に注意すべきこと

まずは麻酔前の注意事項です。もっとも注意しなければならないのは、「深く鎮静をかけすぎない」ということと「興奮させすぎない」ということです。

深く鎮静がかかると上部気道（咽頭部分の筋肉や軟口蓋など）がゆるみ、空気の通り道である気道を閉塞してしまいます。通常の状態であっても呼吸障害が起こりやすい短頭種で、このように気道が閉塞されるのは、危険であることが理解できると思います。

また、麻酔前に投与する鎮静薬や鎮痛薬などの麻酔前投与薬は、作用の強さはいろいろあるにしても、いずれも呼吸抑制作用があります。そのため、短頭種に麻酔前投与薬として鎮静薬や鎮痛薬を投与する場合、「普段よ

り量を減らして投与する」もしくは、「投与後の様子を十分に観察する」ことを忘れないでください！　麻酔前投与薬の準備の際、「投与量の確認」を必ず行い、必ず通常量よりも少なくすることが大事です。場合によっては、"投与しない"という選択をとることもあります。

また、呼吸障害が短頭種で生じる大きな問題ですから、麻酔前には酸素を吸わせて十分に酸素化してあげることは大事です（写真5-2）。p.46でもお勧めした、5分以上100％酸素を吸わせるというのは短頭種でも同じです！

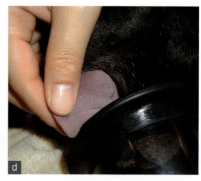

鎮静薬の投与により鎮静が深くかかってしまい、チアノーゼを呈している（d）。酸素をかがせているにもかかわらず、強い呼吸障害を有するため、十分換気がなされず低酸素状態となってしまっている。このような場合、速やかに気管内挿管し調節呼吸を行うと、改善されることが多い

可能であれば、左写真（c）のように鼻と口を"ぴったり"と覆うようにマスクで酸素をかがせたほうが良いが、動物が嫌がったり暴れたりするようであれば、無駄なストレスや酸素消費を防ぐためにも、上の2枚の写真（a, b）のように、少し離れた位置からでも酸素を流し（5cm・5L）酸素化をしてあげると良い

写真5-2　麻酔前の十分な酸素化

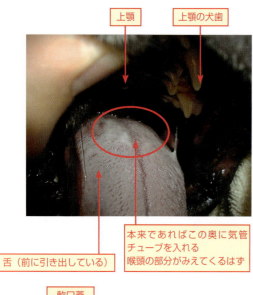

上顎　　上顎の犬歯

本来であればこの奥に気管チューブを入れる喉頭の部分がみえてくるはず

舌（前に引き出している）

軟口蓋

舌

気管内挿管をしたところ。厚い舌、長い軟口蓋により気管チューブが気管に入っていく部分の確認ができない

図5-1　麻酔導入・気管内挿管時の口腔内の写真

口腔内の構造物が密になっていて、挿管部がみえづらい

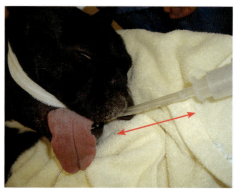

顔（鼻）が短く胸郭までの距離も短いため、挿管したチューブを奥に入れすぎないように注意が必要！
鼻先とチューブ接続部の距離に注目（⟷）

写真5-3　麻酔導入・気管内挿管時の注意点

しかし、この酸素化のときに嫌がる動物を無理に押えて興奮させてしまうと、酸素の消費が多くなり、かえって危険なので、穏やかにやさしく酸素化（100％酸素を、5分程度またはそれ以上吸わせること）しましょう。場合によっては、無理をしない（させない）ことがいちばん大事です。

　そして、もう一つ気を付けなければならないのは、前述の通り「短頭種は迷走神経緊張が高い」ということです。短頭種に麻酔をかけてさまざまな手術・処置を行う際は、この迷走神経の活動を抑えるためにも、必ずアトロピンやグリコピロレートなどの迷走神経遮断薬を投与するようにしましょう。投与量は通常量（アトロピン0.02〜0.05mg/kg、グリコピロレート0.01〜0.02mg/kg）で問題ありません。副腎髄質腫瘍など、アトロピンの投与が禁忌の病気でない限りは、必ず迷走神経遮断薬を投与したほうが良いでしょう！

● 短頭種の麻酔導入時に注意すべきこと

　次に麻酔導入時に注意すべきことについて考えてみましょう。もちろん普段の麻酔導入で注意すべきことは、そのまま短頭種の麻酔導入での注意点に当てはまりますから、その点はもう一度復習しておいてください。

　麻酔導入は注射麻酔薬を用いた急速導入法で行います。呼吸抑制が強く生じてしまわないように、様子をみながらゆっくり投与でき、代謝が早いプロポフォールやアルファキサロンを用いた麻酔導入が良いと思います（アルファキサロンと比べるとプロポフォールのほうが呼吸抑制が強いと考えられているので、これらの選択の基準にすると良いかもしれません）。

　実際に皆さんが麻酔導入→挿管を行うことはあまりないと思いますので、導入補助時での注意点のポイントに絞ってお話ししていこうと思います。

　短頭種は舌や軟口蓋、扁桃など口の中の組織が大きく厚いため、大きな口のわりには開きが小さく、のどの奥がみえづらいのが特徴です（図5-1）。

　そのため、挿管の補助を行う皆さんは、挿管者である獣医師が、普段よりも<u>のどの構造が確認しづらい状況で挿管しなければならない</u>ことを理解し、普段と比べて「よりしっかりと首を伸ばし」「よりしっかりと舌を引き出し」「より細かく動物の状態を伝える（呼吸残っています、眼瞼反射あります、舌を引き出すのにまだ抵抗します、など）」ようにしてください！　この「<u>普段よりもしっかりと</u>」の心構えが、麻酔導入の補助においては重要なポイントになります。

　そのほか、「短頭種は体格のわりには気管が細いため、細めの気管チューブを用意すること」「短い鼻（顔）なので気管チューブを入れすぎないようにすること」などについても注意が必要です（写真5-3）。

● 短頭種の麻酔維持中に注意すべきこと

　短頭種の麻酔においても麻酔前～麻酔導入を安全に行うことができれば、麻酔の維持は比較的安全に安定して行うことができるのは、ほかの事例と同じです。しかし、麻酔前から考慮している「短頭種は呼吸障害や循環障害に弱い」ということを、常に頭の中においておいてください。

　麻酔維持中には、<u>補助換気（自発呼吸を残したまま、時々呼吸バッグを押して換気補助をする）もしくは強制換気（自発呼吸ではなくベンチレーターなどを用いて呼吸管理をする）を必ず行う</u>ようにし、必要に応じてドーパミンやドブタミンなどの循環補助薬もすぐに使えるように準備しておきましょう。もちろん麻酔中のモニタリングについては、ほかの事例での場合と同じようにきちんと行いましょう。

● 短頭種の麻酔からの覚醒時に注意すべきこと

　短頭種の麻酔においては、この「麻酔からの覚醒時」が<u>もっとも大切で大変な時期</u>になります。しかしここでも、「短頭種の特徴」をしっかり思い出して対応できるようにすれば、何も特別に怖がることはありません（でも、細心の注意は必要です）。

　麻酔をきって覚醒させる段階になったら、動物を<u>伏臥</u>

短頭種の覚醒段階は伏臥位（うつぶせ）に！

のどを刺激して抜管を早めるのは危険！ NG

位（DVポジション、うつぶせ）にします。この体位は、肺が膨らみやすくなるので「もっとも換気が効率良く行える体位」なのです。

この体位で麻酔から覚醒させていくわけですが、ほかの動物では行って良くても短頭種の場合には絶対に行わないほうが良いことがあります。それは何だと思いますか？　それは、覚醒のときに動物を刺激することです。特に口を大きく開いたり、気管チューブを前後に動かすなど、**のどの部分を刺激して抜管を早める**ことは絶対にしてはいけません！　ただでさえ気道が狭く、空気の通り道が狭い短頭種では、気道を刺激することで気管内が腫れてしまったら、余計に空気が通りづらくなってしまうからです（写真5-4）。

抜管のタイミングについてはいろいろな意見があります。「気管チューブが長く設置されることによる刺激の影響（刺激により気管内が腫れてしまう）を最小限にするために、できるだけ早く抜管する」という考えと、「気道の閉塞による影響を最短・最小限にするために、できるだけギリギリまで抜管しないで気管チューブを入れておく」という考えです。

どちらにも利点と欠点があり「こちらが正しい！」という結論に至っていないのが現状ですが、筆者は「喉頭の機能がきっちり回復してから抜管する」という考えを最優先として、「**できるだけギリギリまで抜管しない**」かたちで麻酔覚醒を行っています。

抜管後も呼吸・循環状態はしばらく不安定な状態にあり、状態の急変が生じやすいのも短頭種の特徴の一つです。覚醒（抜管）した後も、しっかりと細かいモニタリングを行い、きちんと酸素化・循環維持が行えていることを確認しなければいけません！　十分に酸素化できるように首を伸ばし、舌を伸ばして出し、酸素を十分に吸わせてあげましょう！　鼻カテーテルの挿入やシャワーキャップを用いた酸素カラーの装着を考えておくのも良い対応です。

また、万が一に備えて再挿管の準備[※2]は常にしておいたほうが良いでしょうし、喉頭部の腫脹（のどの腫れ）が疑われる場合[※3]には、ステロイド剤の投与（プレドニゾロン 1mg/kg, S.C.もしくはデキサメサゾン 0.25〜0.5mg/kg, i.v.）、ぜんそく用のステロイド剤の噴霧も考えておかなければなりません！

※2　一度抜管した後の再挿管の場合、すでにいろいろな処置を行った後であり、また気管内チューブが入れられていたことによる喉頭部の浮腫などがあるため、最初の挿管と比べてより難しい状況であることが多いです。それまで入れられていたチューブより細いものを用意し「より難しい状況」をスムーズに乗り切れるように、しっかりと補助が行えるようにしましょう！

※3　気管内挿管の際にかなり挿管が困難であった症例や再挿管を行った症例では、すでに喉頭部の腫脹（のどの腫れ）はあると考えて、事故防止のためにステロイド剤の投与を行うこともよくあります。安全性を最優先とするため、ステロイド剤の投与については短頭種の麻酔を行う際には必ず担当する獣医師と話し合っておくようにしましょう！

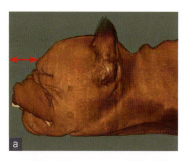
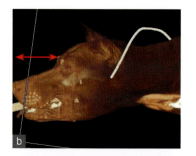
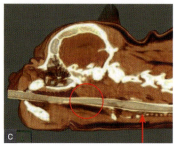
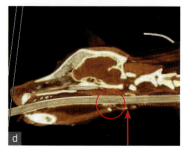

短頭種の頭部のCT画像（写真5-4a、5-4c）と、同じ体重の柴犬のCT画像（写真5-4b、5-4d）について鼻の長さ（⇔）や口腔内・咽頭部の組織の重複具合の違い（〇）、気道の太さの違い（↑）を比較しましょう。

写真5-4　CT画像による短頭種の気道の狭さの比較

本項で、これまで持たれていた「短頭種の麻酔は危険」という大雑把な感覚を、「どうして危険なのか？」「どんなことに注意すれば良いのか？」と少し具体的に考え直し理解してくだされば、目的が達成できたと思います。

いたずらに「危険だから麻酔が怖い」と心配するのではなく、危険であるポイントを理解し、その危険をできるだけ効率良く回避できるように、短頭種の麻酔動物看護を考え直し、変えてみてください。

ここでのポイント

- 短頭種は、その解剖学的な特徴から、呼吸障害と循環障害が生じやすい犬種であることを頭に入れておきましょう。麻酔管理においても、この二点を中心に考えていくことがポイントになります。
- 通常の麻酔の流れと同様、「麻酔導入のステージ」と「麻酔からの覚醒のステージ」がもっとも危険な時期です。従って、「気管内挿管の困難さへの対応」「抜管のタイミングの見極め」「抜管後の状態の急変に対する対応」などさまざまな心構えを、麻酔前からしっかりと持っておくことが大切です。
- どんな場合でも、「こまめなモニター」と「異常な状態の早期発見」は動物の命を救うカギになります。普段からしっかりとした麻酔モニターを行うように心掛け、短頭種の場合は、さらに少し高い意識で麻酔モニターを行う感覚で対応しましょう。

2 肥満動物の麻酔

本項では、"肥満動物の麻酔"についてお話しします。これまで肥満動物に麻酔をかけるとき、「何に注意していたかな？」と思い出しながら、これまでの経験に基づいて考えながら読んでください。

肥満動物の特徴は？

初めに、肥満動物の特徴について説明します。「肥満している動物」（写真5-5）ってどんな動物のことをいうのでしょうか？　普段なかなか考える機会はないかと思うので、ちょっと振りかえってみましょう。

「肥満」という考え方にはいろいろなものがあり、一般的には「標準体重における体脂肪の蓄積よりも過剰に脂肪が蓄積された状態」と考えられています。では、どのくらい過剰に脂肪が蓄積されれば「肥満」と考えられると思いますか？

ヒトの場合、体脂肪率や胴の周囲長などで肥満の基準

は決まっていますが、これと異なり、動物ではいろいろな評価基準があり、一定ではありません。しかし、一般的に言われている動物の肥満の定義・基準には、「標準体重における脂肪蓄積と比べて20％以上の体脂肪の蓄積があるものを肥満とする」や「有害な肥満とは標準体重の２倍の体重があるものをいう」などがあります。

想像してもらえば分かりますが、例えば同じ「ミニチュア・ダックスフンド」という品種の中でも、大きくて太めのコもいれば小さくて細いコもいますよね？　そもそも「標準体重」という定義・基準自体あいまいな部分が大きいため、動物では正確に「肥満」を表現するのは困難なのです。ですから、「考え方」として「過剰な脂肪の蓄積により、さまざまな臓器機能や健康状態そして日常生活に支障が現れるようになっているもの」を「肥満」と考えるようにしているのです。

いずれもボディ・コンディション・スコア4〜5。腰のくびれが消失している。首まわりや胸のまわりの脂肪の付着に注目

写真5-5　肥満の犬の体型

肥満が身体へ及ぼす影響

「なぜ肥満している動物では、麻酔時に注意が必要か？」について述べる前に、肥満が体へ及ぼす影響について考えていきましょう。そもそも「肥満」の定義が「体へ影響を及ぼす過剰な脂肪の蓄積」なわけですから、肥満の動物は、何かしらの影響が体の機能に出ていることになります。

よくいわれるものとしては、肥満の動物は運動不耐性（運動をするとすぐに疲れてしまう）や休んでいるときであっても呼吸が荒い状態が認められることが多いです。皮膚や皮下の脂肪の量が多くなるので静脈穿刺（採血や留置針の留置）が難しかったり聴診が聞きづらかったり、脱水の評価が難しいことも多く認められます。

このように、肥満状態にある動物では、休んでいるときであっても、体に余分な負担がかかってしまっていることから正確な麻酔前評価、緊急時の対応が難しいことが、麻酔をかける際に命に大きくかかわってくる問題となります。

では次に、肥満が体へ及ぼすそれぞれの影響について

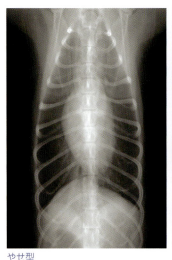
やせ型

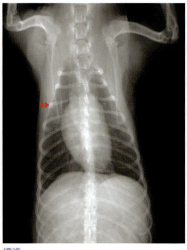
標準

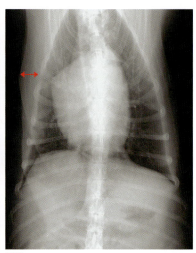
肥満

肋骨まわりや腹部に付着した脂肪の厚み（⟷）に注目。正常の体型の犬ややせている犬との違いにも注目すること

写真5-6　肥満の犬のX線写真

詳しく考えていきましょう。

●肥満が及ぼす呼吸への影響

　肥満している動物は、胸壁のまわりに厚い脂肪が付着する（写真5-6）ため、胸が膨らみにくくなり、胸の弾力性（Compliance：コンプライアンス）が低下してしまいます。また、体重の増加と相まって腹腔内の臓器の重量も重くなり、呼吸の際の横隔膜の動きも悪くなってしまいます。

　これら二つのことから、肥満の動物は換気容量（空気を取り込める限度）が普通の体型の動物と比べて低下してしまいます。つまり、肥満の動物は浅く早い呼吸を繰り返すことで、何とかして正常の換気を行おうとしているのです。呼吸・換気能力が低い状態にあることが分かるでしょう。

　また短頭種の場合と同様に、咽頭部の組織の量が多くなり、舌が厚くなるため、上部気道の閉塞が起こりやすくなってしまっています。

　このように、肥満は動物の換気状態・換気能力を著しく低下させて酸素が体に取り込まれにくくなるようにしてしまっているのです。

●肥満が及ぼす循環への影響

　体重が増加すると、それに伴って（比例関係で）循環血液量、血漿量、そして心臓が送り出す血液の量である心拍出量は増加します。しかし、体重が増加しても心拍数は正常範囲を維持しています。これらのアンバランスさは心臓の働きに余計な負担をかけることになります。

　また、循環を維持しようと心拍数が高い状態で維持され続ければ、心臓への負担は大きくなり、このいずれの状態も長く続けば心不全状態を引き起こすことになってしまうのです。つまり肥満によって心臓に余分な負荷がかかり、循環不全が起こりやすくなってしまっているのです（図5-2）。

　このように「肥満が及ぼす呼吸・循環への影響」を考えれば、肥満の動物はどうして運動不耐性であるのか？　休んでいるときでも呼吸が荒いのか？　が理解できると思います。

●肥満が及ぼすほかの臓器・組織への影響

　膵炎や糖尿病、肝リピドーシス、甲状腺機能低下症、変性性関節症（DJD）などの関節の異常、椎間板ヘルニアや変形性脊椎症（ブリッジ）などの背骨の異常などが、肥満によって生じる病態として多く認められます。

　このように、肥満は生体のさまざまな機能へ悪い影響を及ぼし、体にかかる負担を増やしてしまっています。では次に、肥満状態が麻酔薬の作用に及ぼす影響と、それによって生じる動物における麻酔の問題点について考えていきましょう。

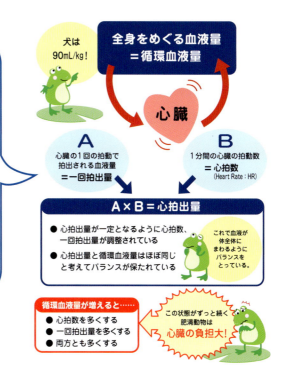

図5-2　循環血液量と心拍出量と心拍数の関係

肥満が麻酔薬へ及ぼす影響

●肥満の動物への麻酔薬の準備

肥満の動物に麻酔を行う場合、麻酔の第一歩である「薬の準備」の段階から注意が必要です。当たり前のことなのですが、肥満の動物の場合、重い体重は大部分が「脂肪」によるものです。

脂肪は薬物投与などを考える際、身体において「余計なもの」と考えられます。この「余計なもの」である脂肪は血流が乏しく、薬物の代謝などには関与しませんが、薬物の計算の上で重要となっている体重には大きく関係しています。つまり、肥満の動物の場合、<u>測定した体重に合わせて薬物を計算し準備すると、「本来の体重」から考えれば過剰投与</u>になってしまうのです。

適切な薬物投与を考えるには「実際の（肥満していない標準の）体重」で考えなければなりません。なので肥満動物の場合、薬物の準備量は計算量より少なくするというのが標準的な考えですが、「実際の体重はどのくらいか？」「どのくらい少なくするか？」については、はっきりとしていません。ですから短頭種などの場合と同じように、「少なめに」準備・投与するよう心掛けると良いでしょう。

また、肥満の動物に筋肉内注射を行う場合、筋肉内ではなく脂肪内へ注射してしまうと、「脂肪は薬物作用にあまり関与しない余分なもの」なので、投与により期待される作用が得られないことが多いと言えます。そのため注射の方法についても「きちんと目的部位に投与できているかどうかの確認」など注意が必要です。

●肥満動物の麻酔前・維持・覚醒の際の注意

肥満の動物は、「呼吸器への負担」「循環器への負担」が麻酔前からすでに生じている状態にあるということが、すべての考え方の根底にあります。

麻酔前投与薬（鎮静薬）の投与により、咽頭部・舌の緊張がなくなり、上部気道の閉塞が起こりやすくなるため、麻酔維持の際には、<u>肺が膨らみにくくなることから補助換気が必要になる</u>ことが多いです。どのような場合でも気管内挿管をし、カプノメトリー（換気・呼吸状態のモニター）、パルスオキシメトリー（SpO₂〈末梢動脈血酸素飽和度〉で得られる波形のこと。これにより酸素化と脈拍を確認する）などを用いた注意深いモニタリングが必要になります。

麻酔終了後は、覚醒の状態、抜管してからも膨らみにくい肺の状態、閉塞しやすい上部気道の状態が十分に換気可能であるかどうか？　をしっかりと評価し、場合によっては再度の挿管も検討しなければなりません。

このように考えると、肥満動物の麻酔は、短頭種の麻酔における注意点と重複する部分が非常に多いことに気づくと思います。<u>肥満動物の麻酔においては、短頭種でなくても短頭種の考え方で臨む</u>のが、重要なポイントなのです。

●肥満動物における麻酔薬の代謝・排泄

現在使用される多くの麻酔薬は、<u>肝臓で代謝され腎臓で排泄</u>されます。肥満の動物においては、脂肪の影響により、肝臓の代謝機能が低下している場合があります。この場合、通常の麻酔よりも代謝に長い時間がかかり、その結果、覚醒するのに時間がかかることもあります。また、心臓の機能が十分でなければ、腎臓への血流も通常と比べて低下するため、薬物の排泄が悪くなり、肝臓の場合と同様、麻酔からの覚醒に時間がかかってしまいます。

さらに多くの薬物は「脂肪に溶けやすい」という性質を持っているため、麻酔薬が脂肪へ吸収・分布されてしまいます。脂肪における血流は非常に乏しく代謝が非常に遅い（ほとんど代謝は行われない）ため、体に蓄積されている状況と似たような状況が生じてしまいます。

つまり、これらのことを総合的に考えると、<u>肥満動物は麻酔から覚醒しにくい状態にある</u>ことになり、これがもっとも注意しなければならないポイントであることが

肥満してる動物は、通常から呼吸器と循環器に負担がかかっている！

麻酔時に要注意！

理解できるでしょう！

●**ほかに、肥満動物の麻酔において注意すべきこと**

そのほかの注意点としては「体温の管理」があります。通常、麻酔薬の使用・手術により体温は低下するのが一般的ですが、肥満動物の場合、体のまわりを覆う脂肪のおかげで体温は下がりにくくなっていることが多いのです。

つまり普段であれば、「麻酔中は動物をしっかりと保温して体温を下げないようにする」のが一般的な考え方ですが、肥満動物の麻酔を行う場合には、体温を適切な温度で管理することが第一目標となるため、必ずしも温めなければならないということではありません。特に大型犬で肥満しているコ、短頭種で肥満しているコ、寒冷地が原産で（密な被毛をもつ）肥満しているコなど、熱がこもりやすい品種においては、体温が上昇しすぎないよう特に注意が必要です。

♣ **「ピックウィック症候群（Pickwickian Syndrome）」って知っていますか？** ♣

肥満に伴う臨床症状を考えるときによく耳にする病態名に、「ピックウィック症候群」というものがあります。これは、1836年に書かれたチャールズ・ディケンズの「ピックウィック・クラブ」という小説のなかのジョー少年（右図）がモデルとなった病気の名前です。

ジョー少年は太っており、いつもウトウトして大きなイビキをかいていると描かれていますが、このような体型で日中ウトウトして、高炭酸ガス血症、心不全を起こす患者を、この小説にちなんでピックウィック症候群と呼んでいました。

今日ではピックウィック症候群は、肥満のため上部気道が狭くなり、肺に出入りする空気の量が少なくなる肥満低換気症候群と考えられています。獣医学領域においても、肥満のために生じる手術（麻酔）前の低換気状態をピックウィック症候群と呼びます。

この症候群に属する動物は、短い時間の無呼吸をはさむ、間のあいた呼吸状態を示し、無気力で昏睡にみえるような状況でいます。このような動物に麻酔薬投与を行った場合、換気の補助を行わなければ正常な換気状態を維持することは困難になってしまうため、注意が必要です！

ここでのポイント

- 肥満の動物は、通常の活動においても、すでに体に負担がかかっている状態にあります。特に、呼吸と循環に大きな負担がかかっていることを忘れずに。肥満動物の場合は健康であっても、「軽度の呼吸器疾患」や「心疾患を持つ普通の（太っていない）犬」の管理を行うような心構えで、麻酔の管理を行いましょう。
- 肥満の動物の場合、麻酔薬の準備・投与は少なめに行い、麻酔からの覚醒にも時間がかかるであろうことを予測しておきましょう。「どのくらい薬物の量を減らせば良いか」「どのくらい覚醒が延長するか」については、個々の動物の状態により大きく異なります。その都度の判断が重要で予測することは難しいので、担当獣医師とよく相談しておきましょう。
- 肥満の動物は、循環器・呼吸器以外にもさまざまな病気を持っていることが多いです。このため、「注意深く動物の術前評価・術後観察を行うこと」は、肥満動物の麻酔看護におけるキーポイントになります！　呼吸による胸の動きがみづらい、脱水の評価が困難など、肥満の動物では問題点が多くあることを忘れずに、注意深い麻酔動物看護を心掛けましょう！

3　心臓に問題がある動物の麻酔

次に"心臓に問題がある動物の麻酔"についてお話しします。全身へくまなく血液を巡らせるという重要な働きをする臓器が心臓です。その心臓に問題がある看護動物へ麻酔をかける場合、何に注意すべきでしょうか？　いくつかの重要なポイントをきっちり理解できるように頑張りましょう！

心臓に問題がある動物の特徴

心臓に問題がある動物の麻酔における注意点を考える前に、「心臓に問題がある動物」とはどんな病気を有し、どのような臨床症状を示し、その背景にはどんな病態が存在しているのか？　について考えてみましょう。

皆さんが思い出す（覚えている）「心臓の病気」にはどんなものがありますか？　その病気を持っているコが、本項でのターゲットとなる動物ということになります。例えば、心筋症（拡張型心筋症、肥大型心筋症）、弁の異常（僧帽弁閉鎖不全、三尖弁閉鎖不全など）、先天性の心疾患（動脈管開存症：PDA、心室中隔欠損症：VSD、など）がある動物です。最近では少なくなりましたが、フィラリアに感染した犬や猫なども今回の分類に含めて考えると良いでしょう（写真5-7）。

このように、心臓に病気がある動物はさまざまな臨床

心臓
- 心筋症
- 弁膜症
- 先天性の心疾患
- フィラリア症

心臓に問題のある動物は？

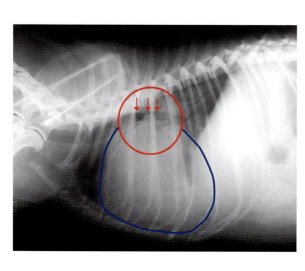
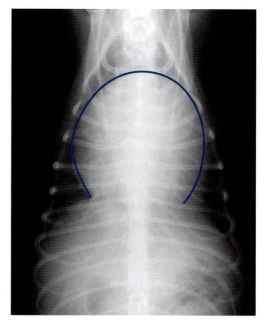

心臓が拡大した動物のX線写真。丸く大きな心臓（○部分）と心臓により圧迫・挙上された気管（↓↓↓）肺水腫（X線で白くみえる肺炎○部分）に注目。僧帽弁閉鎖不全症のときは○部分が白くみえることが多い（肺門周囲の肺水腫像）。この症例は重度の僧帽弁閉鎖不全症が進行し、三尖弁閉鎖不全症も併発していた

写真5-7

症状を示します。もちろんほかの病気と同じで、病気の重症度（表5-2）によって現れる症状は異なってきますが、広い意味で考えると、心臓のポンプとしての働きがうまくいっていないため、全身へ血液が送れず、また、全身から血液が戻れないことに起因する症状が認められることになります。つまり認められる症状としては、運動不耐性（運動を嫌がる、すぐに疲れてしまう）や咳、呼吸困難、失神、チアノーゼなどがあります。

心臓に問題がある場合、体は何とか循環を維持しようとして、心拍数は増加していることが多いのです。しかし、心拍数が多くても、不整脈が認められることも多々あります。つまり、心臓の拍動が多い割には空打ちも多く、「きちんと血液が循環できていない」という状況になることもあります。血液がきちんと送られなければ、肺での換気もきちんと行われないため、末梢へ酸素が十分に行きわたりません。このためチアノーゼが生じたり、脳への血液・酸素の供給が不十分であれば失神をしてしまいます。

「循環」というのは心臓から血液を送り出すだけでなく、全身の臓器から血液が心臓へ戻ることも含めて考えます。従って、全身からの血液の戻りが悪くなれば、お腹の中に余分な水分が漏れ出して腹水が生じます。また、肺からの血液がきちんと心臓に戻らないと肺に水がたまった状態（肺水腫）になり、そのため換気がうまくできず、咳や呼吸困難などが起こってしまうのです（図5-3）。

表5-2 心臓に問題がある動物の麻酔のリスク（危険度）分類

心疾患の分類	ASA-PS	特徴	心疾患分類に基づく例
—	1	正常、健康	認識できる病気（病態）はない
Class 1	2	軽度の全身症状を示す	代償している※心疾患（心臓の薬を飲んでいない）
Class 1	3	重度の全身症状を示す	代償している※心疾患（心臓の薬を飲んでいる）
Class 2	4	重度の全身症状を示す（生命に危険を及ぼす症状）	代償できていない※心疾患
Class 3	5	瀕死の状態 24時間以上の生存が期待できない	心疾患の末期、難治性の心疾患

心疾患の分類はASA分類（p.36）と併せて考えると理解がしやすい。
Class 1：X線や超音波で心臓機能の異常が確認されるが、心疾患に伴う臨床症状は認められていない症例。心疾患分類としてはClass 1だが、心疾患があるためASA分類では病態は進み、薬を飲んでいないものはASA-PS 2、薬を飲んでいればASA-PS 3に相当することになる。
Class 2：軽度から中等度の心疾患症状を示す症例。ASA分類では4に相当するため麻酔前の動物の状態の安定化や、心疾患の投薬の継続などを必ず行わなければならない。
Class 3：激しい心不全症状を示し、心臓を原因とするショックを起こしている症例。ASA-PS 5に相当し、麻酔をかけるためには集中的な動物看護による状態の改善が必要である。状態が改善し麻酔がかけられる状態になったとしてもASAでは4に相当する危険な状態である動物。

※　代償している心疾患と代償できていない心疾患
　心臓に問題があっても、全身への血液循環をしっかり維持できている状態、つまり心臓としての機能が維持できている状態を「代償している」状態と呼び、心臓の機能が維持できなくなった状態を「代償できていない」状態と呼びます。心疾患の初期では心臓に問題があっても、体は全身の状態を維持しようと心拍数をあげて血液のめぐりをカバーします。しかし、これが長く続くと心不全となって全身への血液循環が維持できなくなります（図5-2参照）。心臓に問題があっても、やや頻脈気味でそれできちんと血液が巡っている状態であれば、心臓は「機能を代償している」と考えます。裏を返せば、心臓に問題があるコで、徐脈のコは状態が悪いのではないか？　と常に考えておくのが良いでしょう！

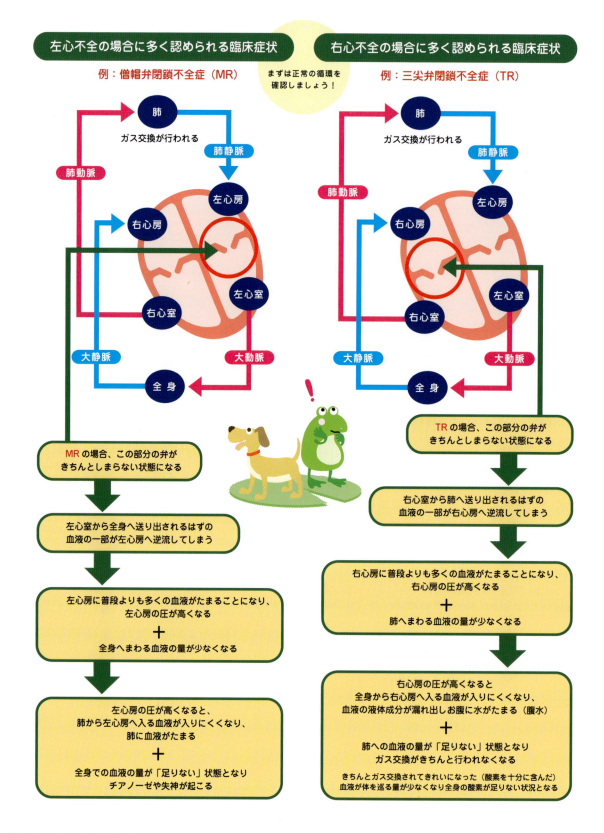

図5-3 心不全の場合に多くみられる臨床症状の生じる理由

心臓に問題がある動物の麻酔における注意点

次に、本項の本題である「心臓に問題がある動物の麻酔における注意点」について考えていきましょう。ここでも、「麻酔前―麻酔導入・麻酔中―麻酔後」の一連の流れで考えてみましょう。

麻酔前の注意点

心臓に問題がある動物に麻酔をかける場合、麻酔前に注意すべきことはなんでしょうか？ おそらくこれは、心臓に問題のあるケースに限ったことではありませんが、考えてみましょう。

それにはまず、「本当に麻酔をかけなければならないのか？」を明らかにすることです。これについて考えるためには、しっかりとした麻酔前の評価が重要になります。心疾患の種類は？ 雑音はあるか？ その程度は？ 心臓機能はきちんと維持されているか？ ということをしっかりと評価し、麻酔をかけるリスク（危険度）と、麻酔をかけて行うことで得られるメリット（利点）を、天秤にかけてしっかりと評価することです。

医学的観点に立った客観的な評価は獣医師が行うことになると思いますが、皆さんは看護的観点で動物の状態をしっかりと評価してあげてください。例えば「神経質で興奮しやすく、触ろうとすると興奮してすぐに舌が青くなってしまいます」「酸素を吸わせていれば大丈夫そうですが、普通の状態では舌が真っ青でぐったりしています」のようにです。保定のとき、飼い主さんと一緒のとき、飼い主さんからお預かりするときなどの動物の様子などを、注意深く観察してください。

次に、麻酔をかけた検査・処置・手術が必要と判断された場合には、麻酔をかける準備として「動物の状態の安定化」を図る必要があります。脱水しているのであれば麻酔前に輸液をして脱水を改善しますし、肺水腫が生じているのであれば利尿薬（フロセミド：商品名 ラシックス®）等を投与して肺水腫を改善してあげます。可能であれば酸素室や酸素ボックスに入れて、全身の酸素化をしてあげると良いでしょう。先にも書きましたが、どんなに良い状態であっても、「心臓に問題がある」だけで、ASA分類（p.36参照）では2か3になってしまうことを忘れないでおきましょう！

麻酔導入から麻酔中の注意点

麻酔前の評価で「麻酔をかける（麻酔をかけられる状態にある）」と判断されたら、いよいよ次は麻酔をかけていく手順になります。各項でも説明していますが、麻酔導入というステージは動物にとって非常に負担がかかる危険なところです。特に心臓に問題がある動物の場合、導入の補助をする皆さんがもっとも緊張する（緊張しなければならない）ステージでもあることを、肝に銘じておいてください。

麻酔導入の際のポイントとしては「心臓に対して負担となることをしない」ということです。注意すべきポイントとしては、以下の二つがあります。

1．動物を興奮させない

動物の保定の際、導入の補助の際、酸素化の際などに動物が興奮するようであれば「無理をしない」こと。神経質で興奮状態が激しいようであれば、最初に鎮静薬の投与が必要になることもあります。

2．麻酔を深くしすぎない

麻酔の導入に用いられる薬には、多かれ少なかれ循環抑制作用があります。このためできるだけ投与量を少なく、それでいてできるだけスムーズに麻酔導入（気管内

挿管）を行わなければなりません。また、麻酔の深さという点と併せて、心臓に対して負担が大きい薬を用いるのはやめましょう！

以上のことを考えると、循環抑制ができるだけ少ない麻酔前投与薬を用いて、麻酔導入に必要な薬の量を減らし、動物があまり興奮することなくスムーズに気管内挿管を行うようにするのがいかに重要かが分かると思います。

この観点から考えると、メデトミジン・キシラジン・アセプロマジン・ハロタンは、心臓に問題のあるコの場合には使用しないほうが良いでしょう！　また、心臓に問題がある場合、「速やかに麻酔導入をしてしっかりと換気を行う」ことが重要になりますから、マスクやボックスを用いた吸入麻酔薬による麻酔導入はあまりお勧めしません。

一般的に用いられる麻酔薬の組み合わせを次に示します。

鎮静薬
ミダゾラムもしくはジアゼパム
（どちらも0.1～0.4mg/kg）

鎮痛薬
ブトルファノール（0.2～0.4mg/kg）
モルヒネ（0.5～1.0mg/kg）
ブプレノルフィン（0.05～0.1mg/kg）

副交感神経遮断薬
アトロピン（0.01～0.05mg/kg）

麻酔導入薬
プロポフォール
挿管可能となるまで、動物の状態をみながらゆっくりと投与
（犬：4.0～8.0mg/kg、猫：6.0～10.0mg/kg）
もしくはアルファキサロン
挿管可能となるまで、動物の状態をみながらゆっくりと投与
（犬：2～3mg/kg、猫：5mg/kg）

維持麻酔薬
イソフルランもしくはセボフルラン

麻酔中に重要なのは「循環状態がしっかりと維持されているか」をモニターすることです。心電図を用いた心拍数（HR）、パルスオキシメーターを用いた脈拍と末梢動脈血酸素飽和度（SpO_2）、カプノメーターを用いた終末呼気二酸化炭素分圧（$EtCO_2$）、非観血的血圧測定や触診による血圧を総合的に評価してください。これらの評価を基準にして、維持麻酔薬（イソフルランなど）の濃度調節や循環補助薬を加えるかどうかの判断をすることになります。

もう一つ注意しなければならないのは、心臓に問題がある動物では「麻酔中の輸液量に注意が必要」ということです。

正常な動物と比べて、心臓のポンプとしての機能が低下しているため、「普通の量の輸液」では量が過剰となり、心不全を引き起こす危険性を高めたり、肺水腫などの問題が生じたりしてしまいます。通常の輸液量よりも50～75%減らして、つまり2～3mL/kg/hrの速度に調整して投与しなければなりません。この調整も、もちろん看護動物の状態によりますので、麻酔前に獣医師としっかり打ち合わせしておきましょう！

● 麻酔後の注意点
麻酔後の覚醒の段階では、通常の注意点を思い出してもらえれば良いでしょう。中でも注意すべきことは、麻

心臓に問題がある動物と麻酔
注意点
● 興奮させない！
● 麻酔を深くかけすぎない！
● 心臓に負担をかける薬は使わない！
● 輸液量は通常量より少なめに！

酔前と同じく「動物が興奮しないようにする」「動物の酸素化をきちんと行う」の２点です。

興奮して暴れたり鳴き叫んだりすると、心拍数が上がり、心臓が必要とする酸素量（心筋酸素消費量）が増えてしまいます。これは心臓に非常に負担をかけることになりますので、避けなければなりません。このため「麻酔前・麻酔中（手術前・手術中）における鎮痛薬のしっかりとした投与」「麻酔（手術）後の十分な疼痛管理」が重要になります。しかし、鎮痛薬の過剰投与による循環抑制には注意が必要なので、このバランスは非常に難しいのです。

また、抜管後もしばらくは十分に酸素を吸わせ、完全に覚醒してからも酸素室に入れるなどして、循環が完璧でなくても体の中に酸素が行きわたりやすい状態をつくってあげてください。麻酔後に状態が急変しやすいのも、心臓に問題があるコの特徴の一つですから、普段（ほかの病気の動物の場合）より長めに麻酔後の看護・観察をすることが必要です。

● そのほかの注意点

心臓が悪いことによる二次的な問題についても考えておかなければなりません。つまり心臓が悪く、全身への血液循環が低下している場合、正常の動物と比べて、肝臓や腎臓への循環も低下していることが多いです。これはすなわち、麻酔薬の代謝・排泄に影響が生じることになります。このため、麻酔薬の投与量・作用持続時間などについても考えなければなりません。

また、心臓に問題があるコが麻酔前に薬を投与されている場合、「その薬の種類と麻酔薬との相互作用」についても考える必要があります。

例えば、よく用いられるアンギオテンシン変換酵素阻害薬（ACE阻害薬：エナラプリル、ベナゼプリルなど）は、非ステロイド性抗炎症薬（NSAIDs）の効果を減弱させてしまいます。さらに、血管を拡張させて血圧を低下させるので、肝臓・腎臓への血流も低下し、麻酔薬を含む薬物の代謝・排泄が低下し、麻酔の作用が延長することが多くなります。「心臓に問題がある動物の麻酔」は、いろいろと大変なのです。

- 「命を維持するために重要な臓器である心臓」に問題がある動物に、麻酔をかける場合には、いろいろと広い視点からの管理が重要です。「心臓の問題」により生じている「生体機能の問題（循環の低下、換気の低下など）」と「臨床症状（運動不耐性、呼吸不全、チアノーゼ、失神など）」との関連について、もう一度しっかり復習しなおしましょう。
- 麻酔のいずれのステージにおいても、「しっかりと循環が維持できる」ように動物の状態を保つことが最大のポイントです！ 「麻酔前の状態改善」「興奮させない」「安定した麻酔維持」と要求される内容は非常に多く、複雑です。
- 心臓に問題がある動物の麻酔においては、「酸素」が重要な役割を果たします！ 麻酔前、麻酔中、覚醒後のいずれも、酸素を十分に体の中に取り込めるような環境をつくってあげましょう。いくらまわりに酸素が多くても、肺に問題があって換気ができなければ意味がありません。肺水腫などがないかの評価（およびその治療）も的確に行います。

4 肝臓に問題がある動物の麻酔

ここでは、生体にとってさまざまな機能を有し、重要な役割を果たしている肝臓に問題がある動物へ麻酔をかける場合についてお話しします。普段、皆さんは何に注意して麻酔を行っていますか？　獣医師から出される指示や麻酔のときの動物の反応などを思い出しながら、読んでください。

麻酔管理で「肝臓機能」が重要である理由

「肝臓に問題がある動物の麻酔管理」について考えていくに当たって、まずは「なぜ肝臓の機能が麻酔管理において重要となるのか？」について考えてみましょう！

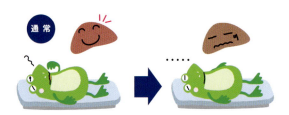

肝臓に問題があると…

麻酔薬が通常より長く続いたり、強く効いてしまったりする

通常	
目をさます時間のはずが…	全然起きない
うとうとする程度のはずが…	ぐっすり深い

問題 麻酔効果が予測不能！

多くの薬物は肝臓において代謝を受けて、その薬理活性（麻酔薬としての作用）を消失します。肝臓の機能に問題がある場合、投与された麻酔薬の代謝が悪くなるため、作用が長く続いたり強く発現したりしてしまいます。このように、麻酔効果の予測がつきづらくなることは、麻酔管理を行う上では大きな問題の一つになります。

そのほか、肝臓が悪くなると糖（血糖）の産生・代謝などの調節機能が悪くなったり、タンパク質の合成をはじめとするタンパク代謝能が低下したり、胆汁の産生・排泄能が低下したり、さまざまな異常が生じてきます。これらの異常が及ぼす麻酔作用への影響について表5-3にまとめてみました。あらためて「肝臓に問題がある動物の麻酔は大変だ！」と認識することができたでしょうか？

表5-3にある麻酔管理における「血糖調節能の低下」は、麻酔や手術により生じるストレス反応への影響や各臓器機能への影響、そして予後（麻酔・手術後の回復具合）への影響など、最近ヒト医療で注目されてきた比較的新しい分野のことです。

また、多くの麻酔薬はタンパク質と結合し、そのうち

表5-3　肝臓の機能が悪いときに生じるさまざまな異常所見と麻酔への影響

異常所見	麻酔への影響
薬物代謝能の低下	●麻酔作用の増強、作用持続時間の延長
血糖調節能の低下	●麻酔や手術によるストレス反応を変化させる ●いろいろな臓器の機能への影響
タンパク代謝能の低下	●タンパク質（特にアルブミン）の合成低下による薬理作用の増強 ●タンパク質（特にグロブリン）の合成低下による免疫機能の低下 ●さまざまな凝固因子合成の低下による出血傾向
胆汁の代謝異常	●胆汁から排泄される薬物もあるため、胆汁代謝異常により薬物の排泄異常が生じ麻酔作用の増強、作用持続時間の延長が生じる

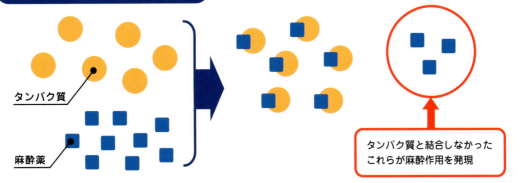
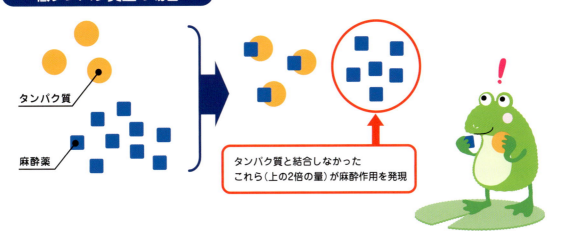

図5-4　麻酔薬とタンパク質量の関係

結合しなかったものが薬理作用を発現します。同じ量の薬物を投与した場合、タンパク質量が正常な場合と比べ、低タンパク質の場合には、結合しない麻酔薬が多く存在することになり、作用が強く発現してしまうことが多いため、注意が必要です（図5-4）。

肝臓に問題がある動物に行う麻酔前の検査は？

　肝臓に問題があることが疑われても、現れる臨床症状[※1]は特徴的ではないことが多いため、血液検査で肝臓の状態を確認する必要があります。
　肝臓に何かしらの異常がある場合を検出するスクリーニング検査（表5-4）と、肝臓がしっかり機能しているかどうかを確認する機能検査（表5-5）の、どちらにも注目して検査をしなければなりません。

※1　肝臓に問題がある場合に現われてくる臨床症状
　「肝臓の異常があればこの症状が現れる」というように決まったものはなく、さまざまな症状が現れてくるので注意が必要です！腹部膨満（臓器の腫大、腹水の貯留）、高ビリルビン尿、黄疸、色の薄い糞便、行動の変化（行動異常）、振せん、発作、流涎過多、血液凝固障害、多飲多尿などがあります。
　なお、肝臓に問題がある際に一般的にみられる臨床症状は、食欲不振、沈うつ、体重減少、嘔吐、下痢、脱水などです。

表5-4　肝臓に何かしらの異常があるかどうかの検出（スクリーニング検査）

ALT	肝臓の細胞が大きくなるような軽度の異常でも上昇する（感度は良い）。ステロイドやフェノバルビタールのような薬物が投与されていても上昇する
AST	肝臓の細胞が壊死（壊れる）などの重度の障害を受けたときに上昇してくる
ALP	肝臓・胆道系の異常のときに上昇する（ALTと併せて評価すること）。薬物投与（ステロイドなど）、ストレス、若い動物でも上昇するので注意
GGT	胆道系の異常のときに上昇する

表5-5　肝臓がきちんと機能しているかどうかの検査（肝機能検査）

BUN	高度の肝不全では低下
Alb	高度の肝不全で低下（A/G比も確認）
Glu	肝不全では低下（低下の原因は肝臓だけではないので注意が必要）
TCHO	胆汁のうっ滞があれば上昇（黄疸と併せて評価）
T-Bil	上昇（肝臓のサイズ、ALT、AST、ALP、GGTなど胆道系の酵素と併せて評価）
アンモニア	肝臓におけるタンパク質の代謝の状態を反映（肝臓が悪くなると上昇）
総胆汁酸（TBA）	食事をあげる前と後で測定すると良い（ビリルビンと併せて評価）

肝疾患が疑われるが、スクリーニング検査ではっきりしない場合、肝臓を原因とする神経異常（肝性脳症）の徴候が認められる場合、肝臓のサイズが異常な場合、尿中に尿酸アンモニウム結晶がみられた場合に評価すると良い。表5-4のスクリーニング検査にプラスするものを表5-5に示す

肝臓に問題がある動物へ輸液を行う場合の注意点

肝臓に問題がある動物へ麻酔をかける場合、麻酔の種類などを考える（後述）と同時に、輸液剤の種類についても考えなければなりません。

いちばん重要なポイントとしては、「通常の肝臓機能（正常な肝臓機能）であれば、肝細胞で乳酸から重炭酸への変換が行われ、アシドーシスの補正が行われている」

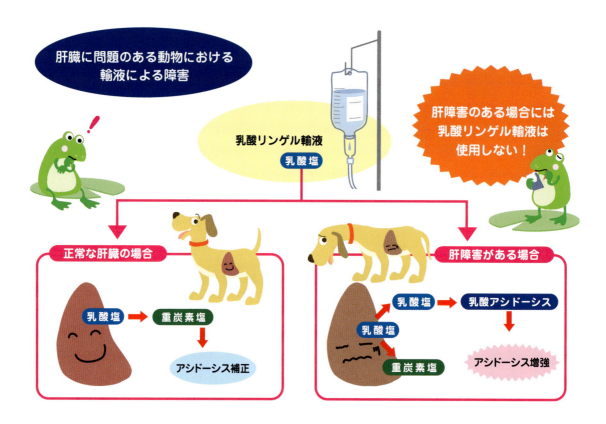

図5-5　肝臓に問題がある動物における輸液による障害

ことであり、覚えておかなければならないことです。<u>肝臓の機能に問題がある場合、この変換能力が低下していることが輸液剤選択のポイント</u>になります（図5-5）。

つまり肝臓に重度の問題がある場合、乳酸の投与は行ってはならず、一般的にはリンゲル液や酢酸リンゲル液の投与が選択されます。また、肝細胞の再生にはグルコースとカリウムが必要であるため、回復期の肝疾患罹患動物に対しては1〜5％程度のぶどう糖液の投与が基本になります。なお、重度の肝障害がある看護動物に対しては脂肪乳剤の投与は禁忌とされています。

肝臓と輸液の問題も注意が必要！

肝臓に問題がある動物への麻酔薬選択と管理ポイント

では、いよいよ本題です！　肝臓に問題がある動物へ麻酔をかける場合の麻酔薬の選択と麻酔管理は、何を基準に行ったら良いのでしょうか？

まずは、薬物代謝のされ方の特徴について考えます。詳しい内容はちょっと難しいので、かいつまんで説明します。

<u>「多くの薬物は、肝臓で代謝されて薬理活性（麻酔薬としての作用）を失う</u>」と書きましたが、この代謝のされ方にも実は2種類あります。表5-6に示すように、「肝臓での代謝率の高い薬剤」と「肝臓での代謝率の低い薬剤」の二つがあります。「ほとんどが肝臓で代謝されるんじゃないの？」と混乱の声が聞こえてきそうですが、基本的な考えはそれで間違いありません。ですが、せっかくなので、ちょっと深く考えていきますね。

表5-6　薬物による肝臓の代謝率の違い

- **肝臓代謝率の高い薬剤：代謝の割合は肝臓の血液量に依存**
  プロポフォール、フェンタニル、リドカイン、デクスメデトミジン
- **肝臓代謝率の低い薬剤：代謝の割合は肝酵素活性に依存**
  ミダゾラム、ジアゼパム、ブピバカイン、ロピバカイン、アルフェンタニル

表5-7　肝臓に問題がある動物における麻酔管理のポイント

麻酔前投与薬の投与	ミダゾラム、ジアゼパム、アセプロマジンの投与は避ける。モルヒネやブトルファノールの投与は少なめに。アトロピン（＋H₂ブロッカー）など必要最低限の投与で管理
十分な酸素化	肝臓が大きくなっており、横隔膜の動きが悪く換気が十分に行えないような症例においては注意が必要
麻酔導入	プロポフォールによる導入（少量、ゆっくりと） イソフルランもしくはセボフルランによるマスク導入
疼痛管理	代謝活性の高い鎮痛薬（フェンタニル、レミフェンタニル） 血液凝固に問題がなければ硬膜外鎮痛（モルヒネ＋ブピバカイン）
麻酔維持	イソフルランもしくはセボフルランによる維持
麻酔導入	特に注意すべきこととして、 →肝臓に問題がある場合、麻酔後に腎機能障害を併発しやすいとの報告がある →肝臓の異常により腹水がある場合、術後（麻酔後）無気肺が生じやすいとの報告もある
効果的なモニタリング※	心電図、パルスオキシメーター、カプノグラム、血圧、血液ガス、尿量　など

※「肝血流に対して有害な作用を及ぼすことを避けるように管理する」ことを念頭においておく。
例）血圧の維持がきちんと行われるようにしておく（低血圧を避ける）。健康な個体と比べて、より酸素化・換気には注意し、SpO₂の基準範囲の高めの範囲で、EtCO₂の基準範囲の低めの範囲で維持を心掛け、良好な酸素化・換気状態を保つように意識する。肝臓毒性があるためハロタンは使用しないなど。

■ 肝臓腫瘍の犬の症例

● 症例1（12歳齢、去勢雄、ゴールデン・レトリーバー）

主訴　食欲廃絶、頻回嘔吐、可視粘膜蒼白
血液検査所見　　ALP 2,970U/L、ALT 2,279U/L、AST 707U/L、GGT 0U/L、TCHO 376mg/dl

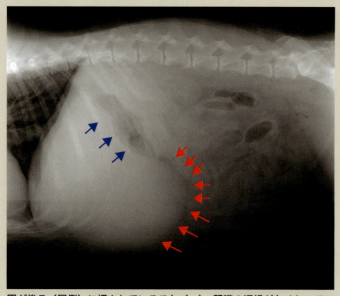

胃が後ろ（尾側）に押されていること（→）、肝臓の辺縁が丸くなっていること（→）に注目（これらは肝臓が大きくなっていることを示す、レントゲン上の所見）

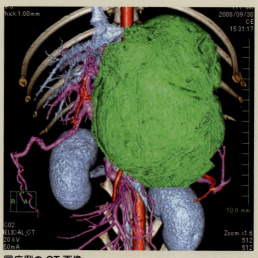

同症例のCT画像
緑で塗ってあるところが腫瘍の部分

「肝臓での代謝率が高い薬剤」は、肝臓で代謝される場合、その代謝の度合は「肝臓を流れる血液量（肝血流量）」に依存します。つまり、「肝臓の機能（肝臓における酵素の活性）」に異常があっても、肝臓を流れる血液の量がきちんと維持されれば、薬物はきちんと代謝されるのです。

一方、「肝臓の代謝率が低い薬剤」が肝臓で代謝される場合、その割合は肝酵素活性に依存します。つまり肝臓の機能に異常があれば、これらの薬剤の代謝はうまく行われず、作用が長続きしたり、作用が強く出てしまったりするのです。

ですから、肝臓に問題がある動物の場合、「肝臓での代謝率の低い薬剤」はなるべく使わないようにすることがもっとも大事ですが、同時に、「血圧の低下」や「循環の低下」による肝血流量の低下が起きないようにすることも考慮しなければなりません！

肝臓に問題がある動物の麻酔管理・麻酔プロトコールの要点を、表5-7に示します。

症例1・2のように「肝臓に明らかな病変（腫瘍など）」があり、「肝臓の酵素値・肝臓機能が低下している」ような症例が、本項での対象となります。薬剤の選択、麻酔維持、輸液の選択など、注意するべきポイントがたくさんあるので大変だと思いますが、とてもよく遭遇する症例だと思いますので、理解した上で実践できるように頑張っていきましょう！

● 症例2（9歳齢、雄、雑種犬）

主訴　嘔吐、下痢
血液検査所見　　ALP 4,323U/L、ALT 2,530U/L、AST 337U/L、GGT 934U/L、TCHO 166mg/dl

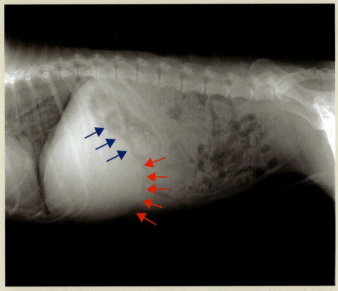

症例1と同様に胃が変位していること（→）、肝臓の辺縁が丸いこと（→）に注目

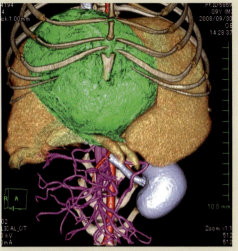

同症例のCT画像
緑で塗ってあるところが腫瘍の部分

ここでのポイント

- 肝臓は、薬物代謝をはじめさまざまな**多くの機能を有する重要な臓器**です。ここに異常がある場合に、どんな問題が生じ、それが「麻酔管理」において影響するのかを、しっかり理解しましょう。
- 血液検査から読み取れる肝臓の異常、肝臓の機能についての理解を深めましょう！　いくつかの値を組み合わせて理解することが重要なポイントです。
- 肝臓に問題がある場合には、一般的に使われる**乳酸リンゲル液は使わないほうが良い**ことに注意しましょう。薬剤の選択と同様、輸液剤の選択は重要になりますし、**麻酔中の肝血流量維持のためには輸液剤の投与は必須**になります！
- 肝臓に問題がある場合の薬物選択のポイントを覚えておきましょう。**肝代謝率の高い薬剤を選択し、適切な状態での麻酔維持が行えるように常に意識**する必要があります！

第5章　❹ 肝臓に問題がある動物の麻酔

5 腎臓に問題がある動物の麻酔

短頭種や肥満、心臓・肝臓に問題がある看護動物では、それぞれ注意すべき点が異なります。しかし、全体的な注意点としては似ている部分もあるので、理解するまでには時間がかかると思います。一歩一歩理解を深めながら学んでいきましょう。ここでは"腎臓に問題がある動物の麻酔"について説明します。前項の肝臓と合わせて非常に重要な臓器です。

麻酔管理で「腎臓機能」が重要である理由

前項の「肝臓に問題がある動物の麻酔」と同様に、まずは「なぜ腎臓機能が麻酔管理では重要なのか？」について考えてみましょう！

ご存じの通り、腎臓は「生体からの老廃物の排泄」という非常に重要な機能を持った臓器です。麻酔薬に限らず多くの薬物は、肝臓において代謝を受けて、その薬理活性（麻酔薬としての作用）を消失したのちに、腎臓から尿という形で排泄され、体の中から消失します。

腎臓の機能は、この「排泄」という能力のために重要視されるのです。つまり麻酔薬の作用・調節を考えるとき、「肝臓で代謝──腎臓で排泄」の一連の流れが、非常に重要になるわけです。

ほかにも、腎臓機能が低下することにより生じる麻酔への影響には、さまざまなものがあります（表5-8）。肝臓の場合と同様、「腎臓に問題がある動物の麻酔管理は大変だ！」ということがご理解いただけたでしょうか？

麻酔を含む薬物代謝ではこの一連の流れがとても大切！だから腎臓に問題があると大変！

表5-8 腎臓の機能低下が麻酔に及ぼす影響

腎機能低下により生じる問題	麻酔への影響
高窒素血症	血液脳関門（Blood-Brain Barrier：BBB）の状態が変化 →中枢神経の薬物感受性が高くなる →薬物の投与量を減らす必要がある
アシドーシス	タンパク代謝能の低下 →薬物のタンパク結合を減らす →タンパク結合率の高い薬物の効果が増強（p.125参照）
高カリウム血症	不整脈、徐脈などが生じやすくなる
エリスロポエチン産生低下	貧血（赤血球の産生低下）が生じるため、低酸素状態で体を維持できるよう酸素供給を維持しようと循環系が活性化されすぎている （循環系の問題が生じやすい状態にある）

腎臓に問題がある動物に行う麻酔前の検査は？

腎臓に問題がある症例（写真5-8）に麻酔をかける（かけなければならない）場合、「看護動物の腎機能は大丈夫か？」ということが分かるような検査をしなければなりません。厳密には、クレアチニン・クリアランステストやイヌリン・クリアランステストなどから評価されますが、これらが実際の臨床現場で行われることは、それほど多くないと思います。つまり臨床現場では、日常的に測定される検査項目から、その異常値の意味することをくみ取らなければなりません。

> **麻酔前に注目すべき検査項目**
> 血液尿素窒素（BUN）、クレアチニン（Cre、CRE、CREA）、尿量、尿比重、血清カリウム、血清総タンパク（TP）、ヘマトクリット（Ht）

このうち、BUNとCreは「腎糸球体でのろ過量（率）」を表し、尿比重は「尿細管の機能（分泌・希釈）」を表します。

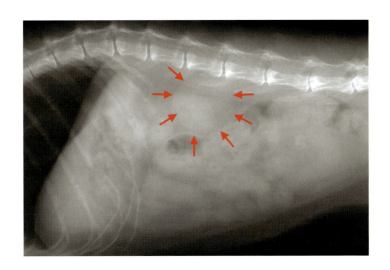

画像上で異常が認められた場合には十分な注意が必要であるが、その機能・障害の程度については、血液検査の結果と併せて考慮しなければならない。丸くいびつな形の腎臓（→）に注目！

写真5-8　X線検査で腎臓の形に異常が認められた猫の症例

腎臓に問題がある動物に行う麻酔前処置は？

麻酔薬により腎臓が受ける影響およびそれにより生じる腎臓への障害をできるだけ少なくするために、異常が認められた項目に対して、麻酔前に補正を行う必要があります。比較的簡単にできるものから、かなり注意が必要なものまで、いろいろありますので、それぞれの看護動物において重要な項目をしっかり見極めて麻酔前（術前）の補正を行いましょう！

●動物の水和状態の管理

脱水により尿毒症（特に尿濃縮能が低下している症例）が生じることがあります。飲水の制限・絶水は麻酔前1～2時間で十分です。重度の脱水症例の場合には、輸液による水和状態の改善も頭に入れておきましょう！

●アシドーシスの補正

多くの症例は代謝性のアシドーシスを生じています。このため、麻酔前にこの補正を（脱水の補正と併せて）行う必要があります。

軽度のアシドーシス：乳酸もしくは酢酸を含んだ輸液剤を投与する

重度のアシドーシス：重炭酸ナトリウム（例：ラクトリンゲル液や酢酸リンゲル液など）の投与や炭酸水素ナト

リウム（メイロン）の投与による補正を検討する。

●貧血の補正

血球容積（PCV）が犬で20％以上、猫で18％以上になるように補正します。場合によっては輸血が必要ですが、輸血により血清カリウムの上昇が生じることもあるため、注意が必要です。

●低タンパクの補正

TPが3.5g/dL以上になるように補正します（場合によっては輸血が必要なこともあります）。

●高カリウム血症の補正

カリウム値が5.5〜6.0mEq/L以上[※1]の看護動物では予定手術は行わず、まずは補正を行います。カリウムを含まない輸液剤（生理食塩液や0.5％ぶどう糖液）の投与が一般的に行われます。

6.5〜7.0mEq/L　心拍はゆっくりになり始めます（軽度徐脈傾向）
7.5mEq/L以上　かなりの徐脈傾向です
9.5mEq/L以上　突然の心停止が生じることもあります

※1　「血清カリウム値」と「心電図（心臓の電気的活性を示す）」との関連は非常に重要です！

腎臓に問題がある動物への麻酔薬選択と管理のポイント

現在、一般的に用いられる麻酔薬において直接的な腎毒性を持つものは少ないため、麻酔管理における腎機能の増悪因子として問題となるのは、「手術（麻酔）中の血圧低下による腎血流の減少」ということになります。つまり「麻酔中の血圧低下」を防ぎ、「腎血流量を維持」することが麻酔管理のポイントになるのです！

●麻酔前投与薬の投与

「興奮による交感神経活性→腎血流量低下」を防ぐ目的で投与します。重度の腎不全症例では投与しません。一般的には、フェノチアジン系（アセプロマジン、クロルプロマジンなど）やミダゾラム、ジアゼパムを投与します。モルヒネやブトルファノールの投与は少なめにします。アトロピンは比較的安全に使用できます。

●十分な酸素化

術前には、肝臓の場合と同様に十分な酸素化を行って、体全体と臓器の低酸素状態を防ぐことが大切です。

●麻酔導入

プロポフォールもしくはアルファキサロンによる導入（少量、ゆっくりと）、イソフルランもしくはセボフルランによるマスク導入が一般的に行われます。ケタミンは、猫では腎臓から未変化のまま排泄されるため、薬理作用のある状態で体内に長く残ることになり、作用が強く現れたり、長く効くことがあるため注意が必要です。

●疼痛管理

痛みにより生じるストレスは腎臓の血流を低下させ、腎機能の悪化を引き起こすおそれがあるため、鎮痛薬の使用を常に考えなければなりません。しかし、オピオイドの（大量）投与による血圧低下には注意が必要です。鎮痛薬は適切に使い、維持麻酔薬の量を減らすよう心掛けましょう。筆者はレミフェンタニル[※2]をもっともお勧めします。NSAIDsの投与については十分な注意が必要です。NSAIDsの使用については、獣医師とよく相談・検討したほうが良いでしょう。

●麻酔維持

イソフルランもしくはセボフルランによる維持をメインで考えます。この際、高濃度投与による血圧低下に注意が必要です！　腎障害の程度にもよりますが、基本的にはドーパミン（2～10μg/kg/hr）もしくはドブタミン（5～10μg/kg/hr）の持続投与による血圧の維持を考慮しておくことが大切です。

麻酔（手術）中の輸液は、カリウムを含まないもの（1号液：ソリタ®-T1、KN1号輸液など）や生理食塩液、1/2生理食塩液を基本として、5～20mL/kg/hrの速度で投与します（出血分は、出血量の3倍量の輸液剤で補います）。

●術後管理

NSAIDsの使用については、術前・術中と同様、十分に注意する必要があります。腎毒性のある抗生物質（アミノグリコシド系）の使用は避けます。輸液を継続し、体液・電解質のバランス、尿量のこまめなチェックに努めます。麻酔・手術で受けた全身、腎臓の影響が強くでないように注意して管理することが大切で、輸液の管理と痛みの管理が特に重要です。

●効果的なモニタリング

術前・術中・術後のすべてのステージにおいて、心電図やパルスオキシメーター、カプノグラム、血圧※3、血液ガス、尿量※4などをしっかりモニタリングして、動物の状態をしっかり確認できるようにしておくことが大切です。

※2　レミフェンタニル
2007年に日本で使用認可された比較的に新しい鎮痛薬です（麻薬性オピオイド）。体中のいたるところで加水分解により分解されるため、肝臓や腎臓に問題があっても蓄積などが起こりません。ほかの鎮痛薬と比べて作用持続時間がとても短いので（約5分程度）、持続投与で使用します。

※3　腎疾患罹患動物の血圧管理
腎疾患を有する看護動物においては「血圧の管理」が非常に重要です。通常の（正常な）腎臓は、60～180mmHgの間の血圧変動に対しては、腎血流量および糸球体ろ過量が保たれるように自己調節（オートレギュレーション）されています。腎臓が悪い症例の場合、この自己調節能も悪くなるため、平均動脈圧で80mmHg以下にならないよう（腎血流量・糸球体ろ過量が維持されるよう）に管理しなければなりません。

※4　尿量は1～2mL/kg/hrであることを確認すること。これが維持されていない場合には、循環補助薬（アトロピン、ドーパミン、ドブタミン）の投与と併せて、利尿薬（フロセミドやマンニトール；0.25～0.5g/kg、静脈内投与）の投与も検討すること。何より、"しっかりと尿が作られているか？"を確認できるようにしておく（例：尿カテーテルの設置・留置）ことが重要です。

- 腎臓は肝臓と同様、薬物の代謝・排泄において非常に重要な臓器です。「腎臓が悪いことによって生じる問題が麻酔作用へ及ぼす影響」と併せて、「麻酔薬が腎臓の機能に及ぼす影響」について、しっかり理解しましょう。
- 麻酔管理においては「血圧低下を避け、腎血流を維持すること」が最大のポイントです！　「麻酔薬・鎮痛薬の適切な量の使用」と「輸液や循環補助薬の使用」をうまく組み合わせて、安全な麻酔管理を行うよう心掛けましょう。
- 腎臓が悪い動物においては「輸液による動物の水和・尿量の確保」は非常に重要です。麻酔前〜麻酔中〜麻酔後と、通常よりも使用する期間が長くなるため、輸液剤の特徴についてもしっかり理解しておきましょう。

6 神経に問題がある動物の麻酔

次に"神経に問題がある動物の麻酔"の管理のポイントについてお話しします。脳や脊髄など、神経に異常がある動物の麻酔管理の際、皆さんはいつも、特に何に注意して麻酔を行っていますか？ ほかの事例の動物看護のときと同じことや違うこと（神経疾患のときに特に注意していること）を思い出しながら、読んでください。

神経に問題がある動物とは

ここでも、まずはじめに、対象として考える「神経に問題がある動物」とはいったいどんな症例のことを指すのか考えてみましょう。

「神経に問題がある」という言葉を聞いて、皆さんが思い出す病気、おそらく「てんかん（様）発作を示す動物」「けいれんが認められた動物」「交通事故などで頭を強くぶつけてぐったりしている動物」などではないでしょうか？ そう、それが対象の事例です。これらの事例の看護動物において、頭の中で、いったいどんな現象が起きてしまっていると思いますか？

詳しく説明すると、生理学的な難しい話になってしまうので、簡潔に説明します。これらの看護動物の頭の中では、腫瘍や炎症、それらに伴って生じる浮腫により脳が腫れてしまい、「<u>頭蓋内圧（ICP：Intracranial Pressure）が上昇している</u>」状態となっています。つまり、頭（頭蓋骨）の中の圧が高くなってしまっており、<u>脳および脳の血管などが圧迫されている状況にある</u>ということを覚えておいてください。このことが、「神経に問題がある動物」に麻酔をかける際に重要となる大きなポイントとなります。

頭蓋内圧と血圧、脳血流量、脳灌流圧との関係

この部分は「神経に問題がある動物の麻酔」を考える際には非常に重要なのですが、反面、ものすごく難しい部分です。ちょっと読んで「分からない」と感じた場合、まずは深く考えずに読み飛ばしてください。少し考えてみて理解できるようであれば、頭蓋内圧と血圧などとの関係について「何が重要か？」を考えてみましょう。

麻酔モニターの説明の際（p.76参照）、「収縮期血圧が80mmHg以下、平均血圧が60mmHg以下になると、脳などの重要臓器へ血液が行きわたらなくなる」と説明しました。これはあくまでも頭の中に何も問題がない場合の話です。

<u>もし頭に何か問題があって、頭蓋内圧（ICP）が上昇してしまったときには、血圧が維持されていても脳の血流量（脳血流量　CBF：Cerebral Blood Flow）が低下してしまい、脳の血流が維持できなくなってしまいます。</u>

脳の血流が維持されなくなってしまうということは、脳の活動（生命の維持）に必要な酸素や栄養分の供給がなされなくなってしまうわけですから、とても大きな問題になることは容易に想像できます。

　では、この脳血流量（CBF）を維持するための重要な項目としては、何があるのでしょうか？　血圧と頭蓋内圧のほかに、脳灌流圧（CPP：Cerebral Perfusion Pressure）があります。

　これは図5-6に示すとおり、血圧と頭蓋内圧（ICP）の差で算出される値です。CPPが、ある程度の変動の範囲（50～150mmHgの範囲）であれば、脳血流量を維持できるように体が調節をしています（図5-6左図）。

　しかし、頭の中に腫瘍があって頭蓋内圧が上昇してしまっていたり、脳炎が起こっていて浮腫（脳が腫れてしまう）を起こし、<u>頭蓋内圧（ICP）が上昇してしまった場合には、脳灌流圧（CPP）が維持できなくなってしまい</u>（図5-6右図）、<u>脳血流量（CBF）が低下</u>してしまいます。すると、脳は酸素が足りない状態となり（脳低酸素症）、これがさらに頭蓋内圧を上昇させてしまい、灌流圧が低下し、脳血流が低下する……という悪循環が起こってしまうのです。これが、頭に問題がある動物で問題になることなのです！

　これら三つの関係を簡単に示すと、図5-6のようになります。難しいですが、ご理解いただけましたか？

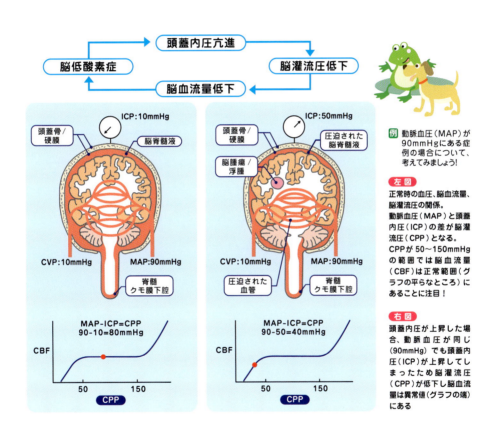

図5-6　頭蓋内圧と脳血流量、脳灌流圧の関係

頭蓋内圧に影響を及ぼす重要な「もう一つ」の項目

　頭蓋内圧の変動には、血圧や脳血流量そして脳灌流圧が重要な項目であることを説明しました。しかし、これ以外にも頭蓋内圧に大きな影響を及ぼす項目があります。それは何だと思いますか？

　皆さんが、神経に問題がある動物の麻酔管理を行っているときに注意していることは何ですか？　特に何を先生から指示されていますか？　思い出してみてください。神経に問題がある動物の麻酔のときに「普段より多めに呼吸（換気）をさせている」ことはありませんか？普段は自発呼吸で維持しているのに、神経に問題がある

動物では「ベンチレーターを用いた人工呼吸」を行っていませんか？

　頭蓋内圧に影響を及ぼすもう一つの項目・要因は動脈血中の炭酸ガス分圧（濃度）です。皆さんは、いつもはこの値をEtCO₂（終末呼気二酸化炭素分圧）という麻酔のモニター項目でみていることになります（p.62参照）。

　動脈血二酸化炭素分圧（PaCO₂）が高くなると、病変部周囲の血管が拡張してしまい、血圧が低下し、頭蓋内圧が上昇してしまうのです（図5-7）。ですから、神経に問題がある動物の場合はEtCO₂を低めに保つこと、すなわち低換気を避けることも考慮しなければなりません。

　PaCO₂が上昇すると、血液が障害部から正常部に流れ込んでしまい（盗血（とうけつ）現象と呼ばれます）、障害部のまわりの正常部血管が拡張してしまいます（図5-7左図）。

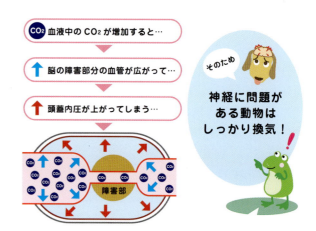

これに対してPaCO₂が低下すると、逆に血液が正常部から障害部に流れ込む現象（ロビンフッド現象と呼ばれます）が生じ、障害部のまわりの正常部血管が収縮します。これらの関係が、頭蓋内圧を考える際には重要になるわけです。

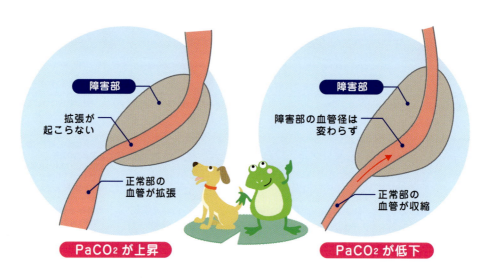

図5-7　動脈血二酸化炭素分圧（PaCO₂）が頭蓋内圧へ与える影響
※これまでは中枢神経に問題のある動物では過換気にしてCO₂を低下させることが強く推奨されていました。しかし、過換気による循環抑制やほかの影響が考慮されるようになり、最近では低換気にならないように注意しながら管理することが大切とされ、過換気にすることは推奨されていません！

神経に問題がある動物の麻酔管理のポイント

　では、「神経に問題がある動物」の麻酔管理の際には何を注意したら良いのでしょうか？　血圧、脳血流量、脳灌流圧の関係を考えれば答えは明白ですね。動脈血圧を低下させないこと、二酸化炭素濃度（EtCO₂）を上昇させないこと、そしてこれらをまとめた頭蓋内圧を上昇させない、そして当然のことですが脳へ届く酸素の不足を生じさせないことです。

　「頭蓋内圧と血圧、脳血流量、脳灌流圧」の関係や「頭蓋内圧と二酸化炭素分圧（濃度）」の関係が詳しく理解できなくても、この四つだけは覚えておいてください。この四つのポイントを押さえながら、麻酔の各ステージにおける注意点について説明していこうと思います。

麻酔前におけるポイント

　ここでは、まず、麻酔前の動物の状態がどんな感じであるか？　をしっかりと理解しておく必要があります。

これは何も、神経に問題がある動物に限ったことではありませんね。

ASA分類（p.36参照）を用いてしっかりと動物の全身状態を評価し、麻酔前にできることが何かあるか？を獣医師と相談しておいてください。

麻酔前の処置・準備において<u>動物を興奮させない</u>ことも大事なポイントになります。興奮により頭蓋内圧は上昇してしまいますし、酸素消費量が増えて、体が酸欠状態（＝二酸化炭素濃度は上昇）になってしまいますから、鎮静薬などを適切に用いて、落ち着いた状態で麻酔導入へもっていけるようにしてあげてください。

● 頭蓋内圧を上昇させない！

興奮による頭蓋内圧の上昇を抑える＝鎮静薬の適切な使用

➡鎮静薬の中には、頭蓋内圧を上昇させてしまうもの（ケタミンなど）やてんかんを起こしやすくしてしまうもの（アセプロマジンなど）があるので、注意が必要です！

場合によっては、グリセオール®やマンニトールなどの降圧剤の使用も検討します。

● 二酸化炭素濃度を上昇させない！

興奮による低酸素状態（二酸化炭素濃度の上昇）を避ける

➡鎮静薬により生じる呼吸抑制にも注意が必要です（麻薬などの使用は避ける）。麻酔前に十分な酸素化をします（マスクを用いた酸素吸入など）。

● 動脈血圧を低下させない！

鎮静薬による血圧低下に対しては、アトロピンやドーパミン、ドブタミンなど昇圧剤の投与を行う

➡また、脱水による循環血液量の低下などに対しては輸液剤の投与を行い、麻酔前に全身状態を改善しておくことも重要です。

● 低酸素を生じさせない！

➡興奮させずにしっかりと麻酔前の酸素化を行います。

麻酔導入におけるポイント

ここでは「できるだけ速やかに麻酔導入を行い、確実に気管内挿管を行う」ことがポイントになります。いずれの麻酔導入薬も呼吸・循環抑制がありますから、呼吸の状態（自発呼吸の変化・消失）や心拍数・血圧の変化をしっかりモニターしながら導入しなければなりません。

● 頭蓋内圧を上昇させない！

速やかにスムーズに導入し、興奮による頭蓋内圧の上昇を抑える

➡吸入麻酔によるマスク導入では動物が嫌がり、暴れてしまうことが多いので、プロポフォールなどを用いた注射麻酔薬によるスムーズな導入が良いと思います。

気管内挿管のときに無理をしない

➡ファイティング（気管内挿管の際の咳のような反射）は、血圧だけでなく頭蓋内圧への影響も大きいといわれています。喉頭の反射がしっかりと消失してから、無理をせずに気管内挿管を行うようにしましょう！

● 終末呼気二酸化炭素分圧（$EtCO_2$）を上昇させない！

イソフルランやセボフルランを用いた導入の際に、暴れて低酸素状態（二酸化炭素分圧の上昇）にならないようにする

➡麻酔導入薬はいずれも呼吸抑制作用がありますから、確実に気管内挿管を行い、速やかに100％酸素の吸入を開始します。

● 動脈血圧を低下させない！

麻酔導入直前の循環状態の確認を行いましょう！（心拍数、血圧）

➡導入薬の急速投与（特にプロポフォールなど）は血圧低下を引き起こしますので、動物の状態をみながら「ゆっくりと」投与するようにしましょう！

麻酔維持におけるポイント

ここまでもってこれたのであれば、あとは手術・処置の間に「どれだけ良い状態で麻酔状態を維持できるか？」を考えれば良いことになります。

このステージで特に注目すべきは終末呼気二酸化炭素分圧（濃度）：$EtCO_2$です。麻酔維持の間は$EtCO_2$の値として正常値（約35～45mmHg）より低めの25～30mmHgの範囲にあるようにします。

神経に問題がある動物の場合、正常な呼吸調節能が維持されていないことも多いため、呼吸バッグを皆さんが押しながらの調節呼吸や、ベンチレーターを用いた強制換気を行うことが多いです。もちろん、心拍数の低下や血圧の低下などには当然注意しなければなりません。

●頭蓋内圧を上昇させない！
頭蓋内圧の上昇を引き起こす薬物（ケタミンなど）の持続投与は行わない

➡低換気により生じる頭蓋内圧の上昇を防ぎます（図5-8）。ケタミンは頭蓋内圧を上昇させ、脳の酸素消費量を増加させます。こういった薬はあえて選択することはやめるようにしましょう！

●二酸化炭素濃度を上昇させない！
$EtCO_2$を通常よりも低めに維持するように心掛ける

➡目標とする$EtCO_2$の値として25～30mmHgの範囲になるように、呼吸数、気道内圧、一回換気量などの調節を行います。自発呼吸で維持するよりも調節呼吸での管理をお勧めします（前述）。

●動脈血圧を低下させない！
「適切な麻酔深度」を維持し、血圧の低下が生じないようにする

➡心拍数・血圧をモニターしながら、アトロピン、ドーパミン、ドブタミンなど昇圧剤の投与や輸液剤の投与を適切に行うようにします。

麻酔覚醒後・手術後におけるポイント

しっかりと麻酔維持ができたのに、ここで問題を起こしてしまうことが多い、気の抜けないステージです。細かな部分にまで注意を払い、しっかりと「管理の締め」が行えるようにしましょう。

ここでは、やはり「覚醒時の興奮を避ける」ということがいちばんのポイントになります。覚醒時に興奮を引き起こしてしまう要因となるものは何か？を常に考えながら麻酔からの覚醒に臨んでください。

●頭蓋内圧を上昇させない！
覚醒時の興奮はもっとも頭蓋内圧を上昇させてしまうので、痛みによる覚醒時の興奮を避けるためにも、適切な術後疼痛管理（これはすでに麻酔維持前・麻酔維持中から考慮しなければなりません）を行う

➡疼痛管理はもっとも重要な項目になります。鎮痛薬を適切に用いて痛みの管理を行うようにしましょう。また、大きな音を立てたり鼻や肢端をつねっての「強制的な」覚醒は行わないようにしましょう。静かにゆっくりとおだやかに……覚醒に時間がかかっても良いのです。

●二酸化炭素濃度を上昇させない！
自発呼吸が回復してもぎりぎりまで気管内に気管チューブを設置しておき、できるだけ長く100％酸素を吸入させる

➡抜管後にも呼吸が安定しないことが多いので、しっかりと頭を上げて、意識がはっきり戻るまでは動物のそばで様子を観察しておき、イザというとき（再挿管の準備やエマージェンシーの準備など）に備えておきましょう。

●動脈血圧を低下させない！
鎮痛薬の使用に伴う血圧の低下には注意する

➡「痛そうでなく、おとなしくしているから大丈夫！」

と安易に考えるのではなく、鎮痛薬使用に伴う副作用には常に注意を払いできる限り心拍数や血圧をモニターしながら、アトロピンやドーパミン、ドブタミンなど昇圧剤の投与や輸液剤の投与について、いつでも対応できるようにしておきます。

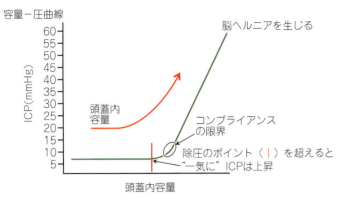
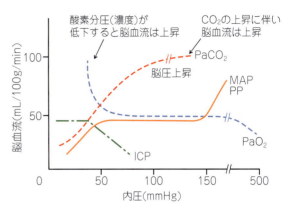

ICP：頭蓋内圧　MAP：動脈血圧　PP：灌流圧

図5-8：頭蓋内圧と換気（CO_2分圧）、酸素化（O_2濃度）との関係

- 神経に問題がある動物の場合、「頭蓋内圧の上昇」が重要な病態になります。麻酔ステージのそれぞれの段階で、この上昇している頭蓋内圧を悪化させないことが大切なポイントです。
- 「頭蓋内圧の上昇」を悪化させないために注意すべきポイントをしっかり考えましょう。興奮や痛み、換気の調節、血圧の変化……それぞれが複雑に絡み合い、少し難しいかもしれません。
- 神経に問題がある動物の場合、麻酔後の管理が非常に難しいことが多いです。「麻酔前のほうが状態が良かった」となることも少なくありません。しっかりとした麻酔後管理についても理解が必要です！

7 若齢動物の麻酔

ここでは"非常に若い動物の麻酔"についてお話ししようと思います。皆さんは「若い動物」に対してどのようなことに注意して麻酔を行っていますか？ 「若くて健康だから麻酔は安全」と思い込まず、「若い動物だからこそ考慮すべき注意点」についてしっかり理解できるよう頑張りましょう！

何歳までを"若齢"とする？

はじめに、「若齢」の定義について考えてみましょう。皆さんの病院では、何歳までの動物を「若齢の動物」として麻酔方法などを特別に考慮していますか？ 1歳まで？ それとも生後6カ月くらいまででしょうか？

獣医学領域では、一般的に「生後6～8週までを新生子（ヒトでいう乳幼児）」と呼び、「生後3カ月未満の動物を若齢の動物（ヒトでいう小児）」としています。では、なぜ生後3カ月（12週）までを若齢と定義しているのでしょうか？　それには次のような理由があります。

時間とともに成長してさまざまな臓器の機能が成熟していく中で、心血管系や呼吸器系、体温調節機能、腎臓、肝臓機能など、体の主要な臓器機能は生後3カ月（12週）までに徐々に発達し成熟していくといわれています。

麻酔の管理を考える場合、これまでに説明してきた通り、これら心血管系（循環機能）、呼吸器系（換気機能）、肝臓機能系（薬物代謝機能）、腎臓機能系（薬物排泄機能）は非常に重要なポイントになります。ですから「生後3カ月まで」は、麻酔に対するさまざまな機能が未発達な「非常に若齢な動物」として、特に注意して管理していく必要があるのです。

「若齢動物」における各臓器機能の特徴

ここで、成熟した動物（大人の動物）と異なる若齢動物の各臓器の機能の特徴について、説明していこうと思います。

●循環器系の特徴

若齢動物は、全身の血液循環を主に心拍数に依存して維持しています。「そんなの当たり前でしょ!?」という声が聞こえてきそうですが、以前に勉強した「心拍出量」という考えを思い出してみてください（p.69参照）。

体全体の血液の巡りは、心臓が1回の拍動ごとに送り出す血液の量が重要になります。この「心臓が血液を拍出する能力」（すなわち心拍出量）が、若齢の動物では未発達のため、全身に十分な血液を送るために、心拍数をできるだけ多くするようにしています。

ですから、若齢動物の心拍数は、成熟した動物と比べて高い値で維持されているということを忘れてはなりません。心拍数が高い状態をすぐに「頻脈」とするのには注意が必要です。「徐脈」のほうが、常に高い心拍数で循環を維持している若齢動物では、循環が非常に悪い状態を意味することに気づかなければなりません。

●呼吸器系の特徴

循環器系における心拍数と同様、呼吸も「数でかせぐ」ようなかたちになっています。つまり、大人の動物と比べて肺の容積が小さく膨らみにくいので、正常な換気状態を維持するために、成熟した動物と比べて、（休んでいる状態においても）若齢動物の呼吸数は多い傾向にあります。

また、肺の容積が大人の動物と比べて小さいことや、肋骨が軟らかいため呼吸状態を維持することが難しいことなど、健康で正常であっても、低酸素状態に陥りやすい状況がそろっているのが、若齢動物の換気機能の特徴になります。

●そのほかの特徴

若齢動物は交感神経の活動性と反応が未成熟であり、麻酔時のストレスをはじめとするさまざまなストレスへの反応が悪いです。肝臓の酵素が不十分であったり、腎臓の機能が未発達であったりと、麻酔薬の代謝や排泄の能力が十分でないため、麻酔の作用時間が延長してしまうことも多いのです。また、血液脳関門（BBB：Blood-Brain Barrier）の形成も十分でないため、麻酔の作用が強く出てしまうことも多いのです。

「若齢動物」における麻酔管理において注意すること

では、若齢動物の麻酔管理で注意が必要なことは何か？　という本項のメインテーマについて考えましょう。肝臓の代謝機能、腎臓の排泄機能、血液脳関門の発達など、若齢動物は麻酔に関係するさまざまな臓器の機能が未発達であることを常に頭に置いておく必要があります。

つまり、成熟した動物と同じような感覚で薬物を選択・使用すると、作用が強く発現しすぎてしまったり副作用が強く現れたりと、問題となることが多いため注意が必要です。

●麻酔前投与における注意点

低用量のオピオイドやベンゾジアゼピンが一般的に用いられます。特に循環器への影響を第一に考え、ジアゼパムやミダゾラム（0.05～0.2mg/kg）および／もしくはブトルファノール（0.1～0.3mg/kg）を、アトロピンと一緒に投与するのが一般的です。

循環器への影響と代謝・排泄などを併せて考えると、アセプロマジンやメデトミジンのように強い循環抑制作用を有する薬剤を、若齢動物の麻酔において使用の選択肢に入れる場合には、注意が必要であることを認識しておきましょう。

●麻酔導入における注意点

マスクやチャンバー（麻酔ボックス）を用いた吸入麻酔薬による導入が一般的に行われます[※1]。この際、イソフルランやセボフルランが用いられます。循環器と代謝への影響を考えると、ハロタン（今はあまり一般的ではないので、皆さんが目にすることはあまりないと思います）は使用しないほうが良いでしょう。導入後、そのままイソフルランもしくはセボフルランの吸入による麻酔維持へ移行していきます（図5-9）。

※1　もちろん、ほかの動物の場合と同様、プロポフォールやアルファキサロンを用いた急速導入法も一般的に行われます。これらはどちらも若齢の動物であっても十分に代謝されるため、比較的安全に使用されます。

●麻酔維持における注意点

マスクもしくは気管内挿管後に、イソフルランもしくはセボフルランによる麻酔維持を行っていきます。マスクで維持を行うかそれとも挿管するかは、行われる手技の内容や時間などにより変わっていきます。

気管内挿管を行う場合には、小さなブレードの喉頭鏡（写真5-11）を用いて、内径が2.0～2.5mmの気管チューブ（カフなし）にスタイレットを入れて挿管します。それでもチューブサイズが大きい場合には、太い静脈留置用カテーテルの外筒（針の部分である内筒を抜いておく：写真5-12）を用いて挿管をすると良いでしょう。

麻酔濃度は、若く健康であれば、通常よりも高い濃度が必要になる場合が多いのですが、前述の通り若齢の動物は心拍数を多くして循環状態を維持するようになっているため、心拍数が高い＝麻酔深度が浅く痛がっていると考えてしまわないように、麻酔状態と処置・手術の内容を合わせてしっかりと観察・理解し、麻酔の濃度を調節する必要があります。

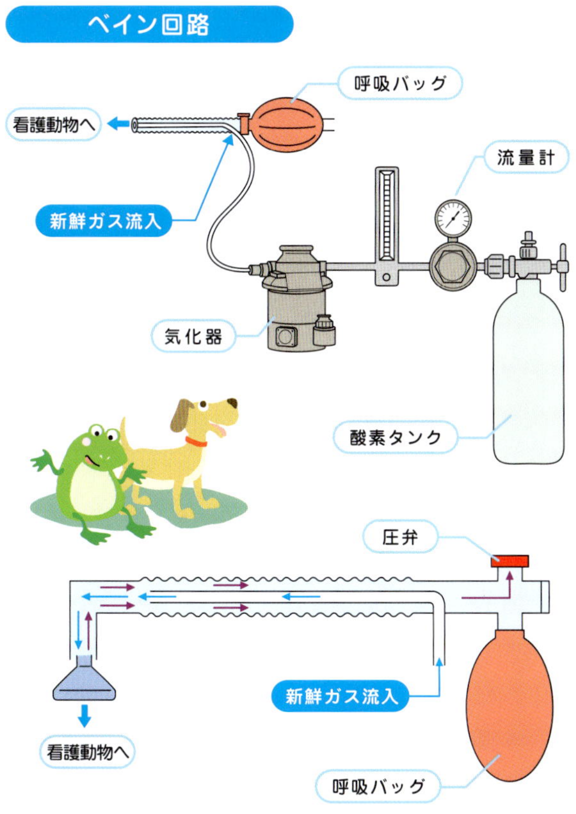

ベイン回路

ベイン回路（Bain回路）と呼ばれる形式の麻酔回路。比較的多くの新鮮酸素（図中のフレッシュガス）流量が必要であるが、熱と湿度を吸入気に加えることができることなど、若齢の動物や小型の動物に使用するには利点が多い回路。非再呼吸式回路に分類されます。
おそらく皆さんが日常的に用いている半閉鎖式回路においても、蛇管などチューブ類のつなぎ方を変えれば、この形にできるので、獣医師と接続の仕方などについて確認してみてください（写真5-9・5-10）。

図5-9　若齢動物の場合の麻酔管理に適している麻酔回路

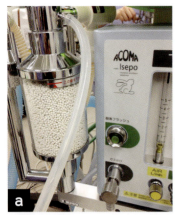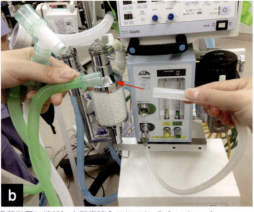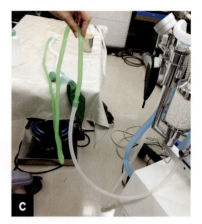

麻酔回路の酸素流入路（多くは二酸化炭素吸着装置に接続）を酸素流入口につなぐ（a＋b＋c）

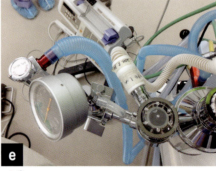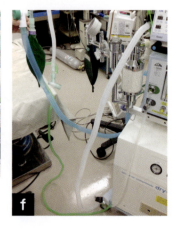

内圧計のついている部分に排気ガスラインをつなぐ（d＋e＋f）

写真5-9　非再呼吸式回路の組み立て方法

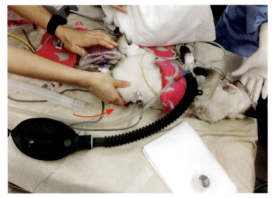

酸素流入ライン（→）と気管チューブとの接続。排気ラインの配置に着目！

写真5-10　非再呼吸式回路の使用例

大きさが明瞭にわかるように、23Gの注射針と並べてある

写真5-11　気管内挿管に用いる喉頭鏡

●麻酔覚醒における注意点

十分な麻酔状態からの覚醒を確認し、抜管などを行う必要があります。若齢であればあるほど、正常な反応への回復の確認が難しく、特に呼吸がしっかりできているか？　循環がしっかりと維持されているか？　の確認が難しいことが多いです。

麻酔前の状態に戻り、正常な自発呼吸がしっかりと維持でき、心拍数や脈拍もしっかりと麻酔前に近い状態にまで回復するまで、大人の動物よりもいっそう注意深く観察してあげなければなりません。

●そのほかの注意点

体の脂肪の量が少なく、体温調整中枢の機能が不十分で、体表からの熱の喪失率が高い[※2]ため、若齢の動物は麻酔により低体温になりやすい傾向にあります。体温は一度低下してしまうと上げるのが難しいので、麻酔導入時から体温を下げないような、しっかりとした保温が必要になります（**写真5-13**）。

また、行われる手術の内容などにもよりますが、輸液についても考慮する必要があります。この場合「過剰投与」にもっとも注意しなければならず、2.5〜5.0mL/

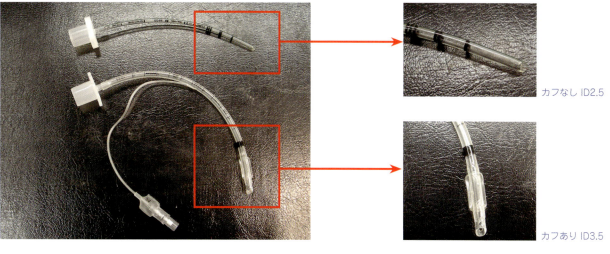

カフなし ID2.5

カフあり ID3.5

16G留置針（内筒は抜いてある）

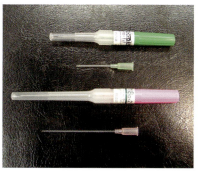

18G留置針（内筒は抜いてある）

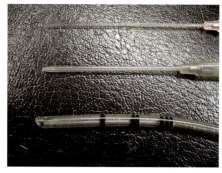

留置針と気管チューブ（カフなしID2.5）との太さの比較（上から）18G留置針、16G留置針、気管チューブ（カフなしID2.5）

留置針と気管チューブ（カフなしID2.5　との太さの比較；先端部）

写真 5-12　気管チューブと太めの留置針

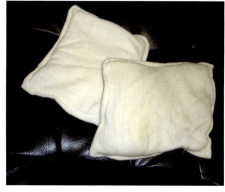

筆者はお米を布袋に入れた"ホットパック"を作成し、麻酔中の保温を行うようにしている。
電子レンジで1～3分温めると十分な保温効果が、1時間以上は維持される。
体型や部位に合わせてフィットさせることができるため、便利である（もちろん繰り返しの使用も可能）。
温めすぎや、これを直接皮膚に当てると低温やけどを起こすことがあるため、まわりを1枚タオルでくるむなど、少しの配慮が必要です。

写真 5-13　保温に用いる "ホットパック"

第5章 ⑦ 若齢動物の麻酔

kg/hrの範囲で適宜調節して輸液剤の投与を行います。

乳酸加リンゲル液や0.9%生理食塩液などの一般的な輸液剤に、最終濃度が1～2％程度になるようにデキストロースを加えたものを投与します。市販のものでは「フィジオ®140（大塚製薬）」が、糖の含有量なども含めて若齢動物の輸液には非常に適していると思います。静脈の確保が難しい場合には、骨髄に留置針を留置し骨髄内への輸液剤投与を行うこともあります。

※2　体が小型であるほど、体表面積が体積に占める割合が大きくなるため、体が空気と接する割合が大きくなり、体温はより喪失されるようになります。つまり、大型犬より小型犬のほうが体温は低下しやすくなります。また、お腹をあける手術（開腹術）も体温が大きく低下する術式になります。若齢動物の開腹手術は、体温低下がとても生じやすい手術であることを、再度認識しておきましょう。

ここでのポイント

- 「若く健康な動物」に麻酔をかける場合、どうしても、リスクは低く安全と考えがちです。**若いからこそ注意しなければならない、いくつかのポイントをしっかり整理**するようにしましょう。
- **若齢の動物は、高い心拍数で循環状態を維持しています。頻脈の判断、徐脈への対処など難しいことが多いので、しっかりと動物の状態を観察し、状態の理解と正確な対処ができるようにしましょう。**
- 若齢動物特有の循環の特徴、呼吸の特徴、薬物の代謝・排泄能力の特徴などを、しっかりと理解しましょう。麻酔の管理においては、若齢動物は**「すべての機能の予備能力が低く、大きな変化には耐えられない」**という認識を忘れずに持っておく必要があります。

8 高齢動物の麻酔

本章の最後は"高齢動物の麻酔"です。ヒトと同じように犬や猫の平均寿命が延び、年をとったワンちゃん、ネコちゃんの診察の機会は、確実に増えていることと思います。「高齢のコの麻酔は、何となく危険が多くて注意が必要」とは分かっていても、具体的な注意点やその理由はよく知らないことも多いかもしれません。普段注意していることを思い出しながら、そこに、プラスαの注意を加えることができるようにしましょう。

何歳から「高齢」とする？

まず、「高齢」の定義について考えてみましょう。皆さんは普段、何歳くらいの動物を「高齢動物」としていますか？ 病院へ来られる飼い主さんの「うちのコもう年だから……」という言葉や、獣医師の先生の「今日手術するコは、年をとっているから麻酔に注意してね」という言葉を思い出しながら、「何歳からが高齢か？」について考えてみましょう。

一般的な「高齢」の定義として「平均寿命の75％を経過した動物を高齢動物とする」とされています。では平均寿命の75％を経過した年齢とは、いったい何歳くらいの動物のことをいうのでしょうか？

現在、わが国における犬と猫の平均寿命は犬全体の平均寿命は13.9歳、猫全体の平均寿命は14.5歳[※1]というデータがあります（一般社団法人ペットフード協会2012年）。この値から考えると、犬の場合は11.9歳の75％が経過した年齢である8.9歳、猫の場合は9.9歳の75％が経過した年齢である7.4歳からが、「高齢動物」ということになります。しかし、大型犬であれば8歳でもものすごく年をとっているようにみえたり、健康な猫であれば12歳でも元気でハツラツとしていたりと、個体によりその「老齢度合い」が大きく異なることは、皆さんよく経験されていることでしょう（**写真5-14**）。

つまり「高齢と呼ぶ年齢の定義」はあくまでも「数値上」の定義ですので、個々の状態をきちんと評価しなければなりません。しかし、一つの基準として<u>犬であれば7歳（大型犬では6歳）、猫であれば7〜8歳からは高齢</u>と認識（表5-9）して、麻酔管理を考えてもらえれば良いと思います。

表5-9　一般的に「高齢」と定義される年齢

動物のサイズ	体重	高齢とされる年齢
小型犬	9kg以下	9〜13歳齢
中型犬	9.5〜22.7kg	9〜11.5歳齢
大型犬	23.2〜41kg	7.5〜10.5歳齢
超大型犬	41kg以上	6〜9歳齢
猫	−	8〜10歳齢

※1　家の外に出ない猫は15.7歳、家の外に出る猫は12.3歳と寿命に大きな差があることも示されています。

 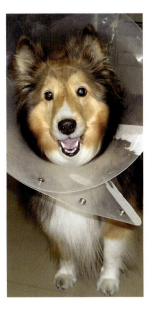 

 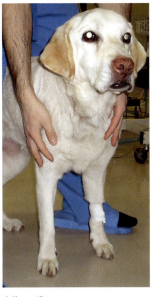 

すべて12歳齢の犬。個体によって老齢度は異なることに注意！（皆若く見えますよね？〈笑〉）

写真5-14　個体ごとによる"高齢度"の違い

第5章 ❽ 高齢動物の麻酔

「高齢」により認められる体の変化

次に、高齢により生じてくる体の機能の変化について考えてみましょう。一般的には、全身臓器の機能的予備能力が低下してきます（図5-10）。つまり、心拍数の急激な変動や呼吸の大きな変動、急な血圧低下など、生体機能に対して生じる大きな変化に対して、対応できる能力がなくなっていってしまうのです。

ちょっとした変化が大きな異常を引き起こす危険性が大きくなると認識して、注意してくれれば良いと思います。このため高齢であるというだけで、臓器機能に問題がなくても※2、ASA分類（p.36参照）ではClass 2になることも覚えておきましょう。

また、高齢動物の場合、注目している異常のほかに、別の異常が隠れていることも多いことも常に考慮しておかなければなりません。「今日は骨折の手術だからと、整形外科的な問題だけに注目していて、肝臓や腎臓の機能が低下していたことに気づかなかった」などということがないように、麻酔前の看護動物の評価をしっかりと行うようにしましょう。

ここからは、それぞれの臓器機能に生じる高齢性の変化と、注意点について説明していこうと思います。

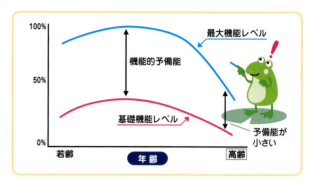

臓器の予備能力（最大機能レベルと基礎機能レベルの差）は加齢とともに低下し、その程度は基礎機能レベルの低下よりも著しく大きい

図5-10　加齢に伴う臓器機能の予備能力の低下

●神経系に生じる変化と注意点

感覚神経・自律神経反応の低下や脳還流量の低下、脳の酸素消費量の低下、脳重量・血流量の減少、神経伝達物質の枯渇、刺激伝導速度の低下、感覚域値の上昇、体温調節中枢の機能低下などがあります。

【注意点】
生体機能全体をつかさどる脳の機能が全体的に低下することが特徴であるため、「全体的な看護動物管理（トータル看護動物ケア）」を心掛けましょう。前投与薬をはじめとする投与された薬への反応、循環機能・体温の細かいモニタリングを行うようにしましょう。

●循環器系に生じる変化と注意点

心室壁の肥厚と硬化、心筋線維量の増加、動脈壁の弾性・圧受容体反射の低下、循環血液量・心拍出量の減少などがあります。

【注意点】
心室・動脈が硬くなり、急に生じる頻脈や徐脈、低血圧など、循環の大きな変動に対応できなくなってきています。麻酔前の輸液剤投与についてしっかりと検討し、心拍数の適正な維持、不整脈の防止、血圧の維持を含む循環の安定化を意識しましょう。大きな変化に対する予備能が低いことを忘れずに、頻脈でも徐脈でもない適切な状態での維持を目指しましょう。

●呼吸器系に生じる変化と注意点

呼吸数の低下や肺のコンプライアンス（肺の膨らみやすさ）の低下、死腔・機能的残気量の増加、肺活量の低下、低酸素や高二酸化炭素に対する換気応答能の低下、防御的気道反射※3の低下などがあります。

【注意点】
全体的な換気能力の低下が生じます。つまり酸素をしっかり吸入させてもきちんと換気されないことなどが起こったり、ちょっとした低酸素状態が重大な問題を生じさせたりします。麻酔前の酸素化と適切な換気管理・看護動物のモニタリング（SpO_2や$EtCO_2$など）を心掛けましょう。

●肝機能に生じる変化と注意点

肝臓重量の減少や肝臓血流量の低下、薬物代謝能力の低下、全体的な代謝能力（エネルギー産生能）の低下などがあります。

【注意点】
肝臓機能が全体的に低下するため、薬物の代謝能力が低下してしまい、薬理作用（効果）が強く出てしまったり、作用時間が延長してしまったりします。また、肝臓の血流量の低下は心臓の循環機能低下による部分が大きいことも忘れずに、適切な薬物投与とともに循環の維持

を併せて考えるようにしましょう。

●腎機能に生じる変化と注意点

腎重量の減少やネフロン数・糸球体ろ過率の減少、腎血流量の減少、尿濃縮能・ナトリウム保持能・抗利尿ホルモン反応性の低下などがあります。

【注意点】

ほかの臓器と同様、腎臓の機能が全体的に低下することに伴い、<u>薬物の排泄が低下</u>してしまうため、薬物の作用が強く出たり長く続いたりしてしまうことに注意が必要です。

また肝臓と同様、腎血流量の低下は心臓の循環機能低下による部分が大きいため、循環の維持を併せて考える必要があります。循環を維持しようとして輸液を多く投与してしまうと、腎機能が低下していた場合に、水がしっかり排泄されずに肺水腫や浮腫などが生じてしまうことがあるため、注意しましょう。

●そのほか臓器機能に生じる変化と注意点

そのほか、加齢により生じてくる変化とそれに対する注意点としては、免疫能の低下や血液をつくり出す造血反応の低下、低血糖や高血糖など血糖値の変動への対応能力の低下が認められます。これらに対しては、適切な麻酔管理と疼痛管理によってストレス反応を過剰に起こさせないことや、麻酔・手術後の疼痛管理、感染症対策、麻酔前からの血糖管理が重要になってきます。

また、<u>基礎代謝量が低下し、筋肉量（特に骨格筋量）が落ちるため、熱産生量や体温保持力が低下</u>してしまいます。このため、麻酔前からの看護動物栄養管理を含めて、麻酔中の体温低下防止に努めなければなりません。

※2　いわゆる血液検査などで明らかな異常値が見つからなくてもという意味です。

※3　防御的気道反射
細かいほこりなど異物が気道に入った場合に、咳などをして異物を外に吐き出す反射のこと。

「高齢動物」に対する麻酔管理テクニック

では、「高齢動物における特徴」を踏まえた上での麻酔管理テクニックについて、考えていきましょう。

まず、<u>高齢動物に対する麻酔管理の基本的なポイント</u>を以下に挙げます。

- ●注意深い薬物の選択（作用時間や代謝・排泄経路、拮抗薬の有無など）
- ●麻酔前から覚醒のすべてのステージにおける、注意深い看護動物のモニタリング
- ●変化に対して「すぐに適切に」対応

麻酔薬による作用・副作用の発現は、加齢により生じる「個体ごとの臓器機能の大きな差」（図5-11）が影響しますので、実際の年齢による判断ではなく、それぞれの個体の生理学的年齢（臓器の機能を含めた年齢評価）で考慮しましょう。

次に、<u>高齢動物への麻酔薬選択の基本的なポイント</u>を以下に挙げます。

- 迅速に確実な覚醒の得られるもの（プロポフォール、イソフルラン、セボフルランなど）
- 拮抗薬の存在するもの（オピオイド＜拮-ナロキソン＞、ベンゾジアゼピン＜拮-フルマゼニル＞）
- 薬物の排泄が代謝機能に依存しないもの・依存の割合が少ないもの（プロポフォール、イソフルラン、セボフルラン）
- 呼吸循環系の副作用が少ないもの（オピオイド、ベンゾジアゼピン、イソフルラン、セボフルラン）

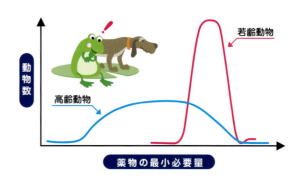

高齢動物においては若齢動物と比べて、投与に必要な薬物量の平均値は低下するが、反応の個体差が大きくなる（横に低く広い曲線を描くことに注目＜青線＞）

図5-11　高齢動物と若齢動物の用量反応曲線

次に、麻酔管理のそれぞれのステージにおける注意点についてまとめます。

●麻酔前における注意点

麻酔前の酸素化：機能的残気量の低下などが明らかとなるため麻酔前には必ず十分な酸素化をしておきます。最低でも5分間の酸素化を心掛けましょう。

麻酔前投与薬の選択：頻脈になりすぎても心臓にとっては負担が大きいため、アトロピンの投与は慎重に！　一般的には通常量の1/2～2/3量の投与を目安にします。鎮静薬や鎮痛薬の投与も、まずは通常量の1/2程度を投与して動物の反応をみてから、追加の投与を検討します。循環への影響を考えて、アセプロマジン（低血圧が生じる）やメデトミジン、キシラジン（重度徐脈・不整脈の発生）の投与は行わないほうが良いでしょう。

麻酔導入薬の選択：動物の状態をみながらゆっくり投与することが可能なプロポフォールやアルファキサロンが良いでしょう。これらの両剤は比較的安全な麻酔導入薬ですが、急速に投与すると呼吸抑制・無呼吸、血圧低下、循環抑制を生じてしまうため、「様子をみながらゆっくりと投与」することを忘れないでください。

維持麻酔中の注意：そのほかの薬と同様、麻酔薬の投与量を通常の20～40%となるように（減らして）管理します。適切な麻酔深度を維持できるように、心拍数や血圧、SpO_2、$EtCO_2$などを総合的にモニターするようにしましょう。一般的には、安全性の高いイソフルランやセボフルランを用いた麻酔維持を行います。体温管理（保温）を麻酔導入前から考慮して、低体温を生じさせないようにします。

麻酔覚醒時の注意：急いで麻酔から覚醒させることはせず、ゆっくりと自然な覚醒を心掛けます。「しっかりと覚醒した」という状態を確実に確認できるまでは、注意深い観察が必要です。今までの管理において「もう大丈夫だろう……」と思える状態になってから「＋αもう少しの時間の観察」を意識してください。

そのほかの注意：すべてのステージにおける注意事項として、①低血圧の防止（麻酔前血圧の80%以上を維持できるように局所麻酔薬の過量投与や、深麻酔に注意）、②誤嚥の防止（気道の反射が低下しているため誤嚥に注意）、③覚醒時・覚醒後にリハビリテーション[※4]を行う、が挙げられます。

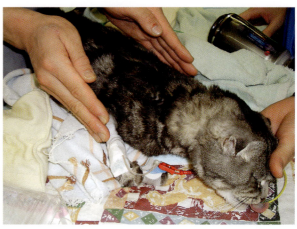

覚醒時に行うリハビリで、手を"カップ状"にして胸壁を両側から軽く叩くようにして肺の末端に貯まった水分や気道中の痰の排泄を促すようにしている

写真5-15　パーカッション法

[※4]　誤嚥性肺炎や肺合併症を防止するため、リハビリテーションを行い、肺胞末端にたまった分泌液や痰などを排泄（吐出）しやすいようにしてあげます。パーカッション法（写真5-15）やバイブレーション法という手法が一般的に用いられます。

ここでのポイント

- 「高齢動物」は、高齢というだけでリスクが高まります。健康であっても年をとっているということで、ASAのクラス分類は2になっていることに注意しましょう。現在問題となっている症状（問題）以外の何かが隠れて存在していないか？　にも考慮する必要があります。
- 臓器機能の予備能力を考慮した麻酔管理を行いましょう。「高齢動物」はすべての臓器機能の予備能が低下しているため、大きな変化・急な変化に耐えることができないことが多いです。「年齢」の枠にとらわれてしまわないように、個々の状態をしっかりと個体ごとに評価して、適切な麻酔管理を心掛けましょう。大げさにいうと「過保護なくらいの麻酔管理」がちょうど良いのかもしれません。

第5章

❽ 高齢動物の麻酔

第6章

特別付録

① 特別付録①「麻酔記録用紙」
② 特別付録②「CPRアルゴリズム」
③ 特別付録③「緊急薬の推奨投与量表」

これまで5章にわたって、獣医療分野における麻酔について、基礎から実践までを網羅して説明してきました。その総仕上げとして、付録としてのプレゼントを三つ準備しました。一つ目は「麻酔記録用紙（実際の用紙は巻末にあります）」。こちらは本書オリジナルなので使ってみた感想なども聞かせてください。二つ目は、救急救命処置のときに役立つ「CPRアルゴリズム（p.159）」。三つ目は「緊急薬とその投与推奨量表（p.160）」です。これら三つを実際の麻酔の現場で活用していただけると幸いです。

1 特別付録①　「麻酔記録用紙」

「麻酔記録用紙」とは

皆さんは、動物に麻酔をかけた時、その様子を何らかのかたちで記録していますか？　それは、何か具体的なフォーマットに基づいているでしょうか？　ここでは、何気なく、そして普通に行ってしまっているであろう「麻酔中（手術中）の記録をとること」の必要性とその意味について、考えてみたいと思います。

●「記録」は正しい手技が行われている「証拠」である！

現代社会は「訴訟社会」になりつつあるため、何か問題が起きた場合には、裁判という公の場で、その行為、現象、状況の「善悪を問う」という流れになってきていると考えられます。例えば手術（麻酔）で動物が亡くなってしまったり、何か後遺症のようなものが残ってしまったりという場合、「本当にその手術手技、麻酔方法に問題はなかったのか？」という飼い主からの訴えに対し、<u>「きちんと説明できる証拠」</u>が必要になってきます。どんなに「問題はありませんでした」「きちんとした方法でやっていました」と口で説明しても、近くにあったメモに詳しく経緯を記し、説明してお渡ししてあったとしても、それらは「公的な証拠」としてはあまり有用ではありません。また、信頼関係のある飼い主に対してであっても、問題が生じてしまったときに備えて「きちんと正しい方法で（麻酔や手技を）行っている」ことを示す記録を普段から取っておくという行為が非常に有用かつ大切であることは、容易にご理解いただけると思います。

●「麻酔記録」は動物をみて、数値をみて記録する「命の記録」である！！

さて、「問題が起こった時の対応として」という役割を持つ麻酔記録ですが、現場の皆さんにとってはむしろ、動物の命を守るための記録である、という意味合いのほうが強いかと思います。本章で提案する麻酔記録用紙とは、単なる記録ではありません。ある一定の間隔（5分ごと）で、項目とその数値を理解して記録する、まさに<u>「命」の記録</u>そのものなのです。

数値を記録しカルテに記入するだけであればコンピューターでもできますし、多くの麻酔モニター装置は記録を印刷したり、データとして保存したりできます。しかし、出ている数値の意味を読み解き、異常に気づき、麻酔担当者に伝えて正しい処置をするということ——つまり手術中・麻酔中の動物の命を守り、モニター上に表示された数値を意味のある命の値とすることができるのは——訓練された獣医師や動物看護師である皆さんにしかできないことなのです。

● 麻酔記録用紙（記入例）

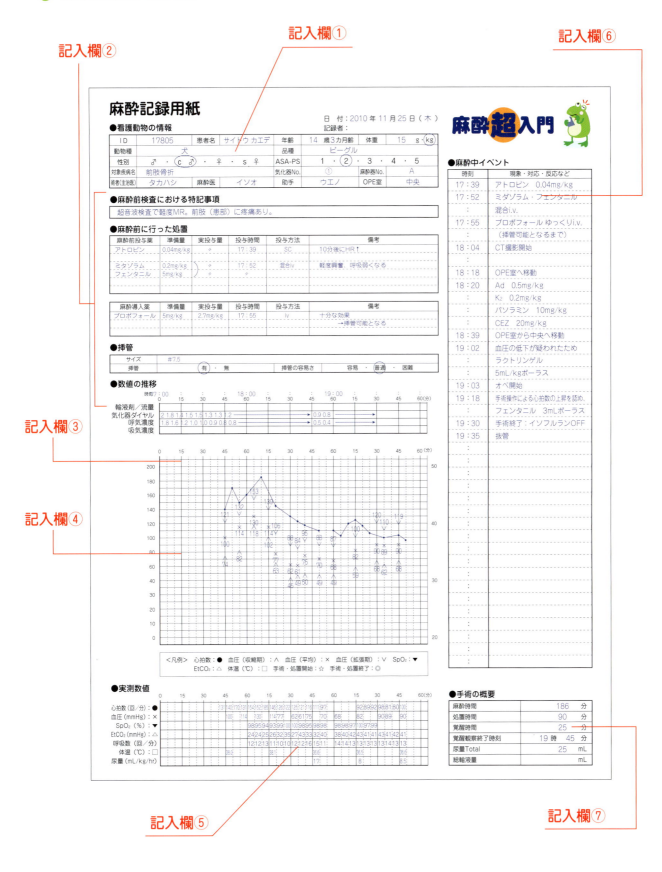

麻酔記録用紙記入のポイント

では、実際の記入例をみながら、記録を作成する際の注意点について考えてゆきましょう。

記入欄① 看護動物情報

ここには看護動物の個体識別情報と、手術担当者や麻酔担当者などを記入します。看護動物の情報はできるだけ詳しく記入するのが望ましく、特に麻酔を行う理由となる「対象疾病名」や、動物の状態の客観的評価となる「ASA-PS」（ASA分類：p.36参照）、「麻酔前検査における特記事項」などは可能な限り詳しく書くと良いでしょう。

複数の手術室や麻酔器を有する施設では、それぞれの場所に番号や名称をつけて区別する場合があると思います。それらを「OPE室」、「気化器No.」「麻酔機No.」のところに記入することで、モニター上に異常値が常に表示されたりする場合、動物の容態によるものなのか機械に生じたエラーであるのかなどが、速やかに確認ができると思います。

記入欄② 麻酔前の看護動物状態の評価と麻酔前投与薬／導入薬／挿管

このブロックには、麻酔前に行ったさまざまな検査（血液検査、レントゲン検査、超音波検査など）で確認された所見や、新たに発見された所見について記入します。「麻酔前検査における特記事項」では、ASA-PSと併せて看護動物状態の評価を記入します。例として、「胸部レントゲンで胸水の貯留を確認」「血液検査でHt=18％」「腹部レントゲン検査で脾臓に腫瘤状の低エコー性の結節性病変を確認」など、手術・麻酔と関連していそうなもの、また関係ないと思われるものでも「気になった」異常状態を記載しておくと良いでしょう。

次に「麻酔前投与薬」では、麻酔前投与薬の名称と、準備量、実際に投与された量と時間、投与方法（投与経路）について記入し、投与の目的や投与によって得られた効果などを「備考」の欄に記入するようにします。例えば、麻酔前投与薬としてアトロピンを投与するとします。その場合、麻酔前投与薬の欄にアトロピン、準備量の欄には0.04mg/kg（例）、実投与量のところには（準備した量を全て投与したのであれば）0.04mg/kg、投与時間のところに投与を行った時間を（例：15:05など）、そして投与方法にはs.c.（皮下投与）などと記入します。備考の欄には「麻酔中に生じる徐脈を防ぐため」のように投与の目的を記入しても良いですし、「投与後にHR60bpm→120bpmに上昇」のように、効果の程度を記入しても良いでしょう。もちろん投与目的と効果の程度の両方を記入すると非常に分かりやすくなります。また、鎮静薬と鎮痛薬の投与（一般的にはミダゾラムとブトルファノールの投与など）が行われた場合には、その効果の程度を以下のような内容を参考にしてスコア化すると薬物投与に伴う動物の状態の変化がより分かりやすくなるでしょう（表6-1）。

「麻酔導入薬」の欄には、麻酔導入に用いた薬物を記入します（例：プロポフォール）。準備量は麻酔前投与薬の場合と同様、薬用量で記入し（例：5mg/kg）、実投与量の項には麻酔導入に必要であった量（例：気管内挿管までに必要であったプロポフォール量、シリンジに残っている量から実際に動物に投与した量を計算→例えば3.8mg/kgのように）を記入します。投与時間、投与方法については麻酔前投与薬の場合と同様に記入し、備

表6-1 麻酔前投与薬投与時に生じる効果の程度（参考）

スコア -1	投与後に落ち着かず興奮（パンティング、流涎など）が認められる
スコア 0	薬物投与前と状態に変化は認められない
スコア 1	軽度鎮静状態（おとなしくなる、周囲に興味がなくなる）は認められるが、心拍数などに大きな変化は認められない
スコア 2	中等度鎮静状態（様々な処置などに対して抵抗しなくなる）が得られ心拍数などの軽度低下が認められる
スコア 3	重度鎮静状態（横になる、寝ているような状態になる、頭を支持できなくなるなど）が得られる

考の欄には麻酔導入の際に認められた動物の状態の変化や気づいたことなどを記入しておくと良いでしょう（例えば導入中に無呼吸になったとか、導入中に暴れたとか、軟口蓋過長ありとか）。挿管については気管内挿管のあり、なし（マスク管理）、挿管した場合には気管チューブのサイズ、そして挿管時の状況・挿管の容易さ／困難さなどを記載しておきます。

このようにこのブロックで麻酔前（直前）の動物の状態の再確認と麻酔前準備、そして麻酔への移行を観察する麻酔導入の状態の記録をしっかりと残すように心掛けます。

記入欄③　麻酔中の輸液剤／薬物濃度／投与薬物など

このブロックには、麻酔中（手術中）に持続的に動物に投与された薬物、輸液剤の種類と投与量（投与速度）を全て記入するようにします。投与量（投与速度）の変更が無い場合には、その時間を→で結び続けていっても構いません。投与量（投与速度）を変更した場合、その理由（例：手術中の血圧低下が認められたため、イソフルラン濃度を2.5→1.5に、ドーパミンの持続投与速度を2.0μg/kg/min→5.0μg/kg/minへ）を記入欄⑥の「麻酔中イベント」（後述）に併せて記入するようにしましょう。揮発性麻酔薬を用いて麻酔維持を行う場合には、麻酔薬の種類（イソフルラン、セボフルラン）、気化器のダイヤルの数値、吸入麻酔薬濃度（麻酔モニターで示されるInやEのところの数値）、呼気中の麻酔薬濃度（麻酔モニターで示されるExやOのところの数値）を記入するようにします。また併せて麻酔（手術）中に持続的に投与される輸液剤や循環補助薬（ドーパミンやドブタミンなど）、鎮痛薬（フェンタニル、レミフェンタニル、ケタミンなど）についても、その種類と投与量（投与速度）を全て記入するようにします。循環補助薬や持続投与した鎮痛薬については薬剤量の調整の際に用いた輸液剤の種類やその方法（例えば　ドーパミン（ドブトレックス®）7.5mLを5%グルコース50mLに溶解）も、記入欄⑥（後述）や欄外の空白部分などに記入しておくと、非常に有用な情報となります。

記入欄④　麻酔中の循環動態の変動

このブロックでは、麻酔中の循環動態の変動の状況を把握できるようにします。グラフの左側軸の数値を参考にしながら、心拍数、血圧（収縮期、平均、拡張期）、SpO_2の数値に該当する部分にマークを記し、右側軸の数値を参考にしながら、体温、$EtCO_2$の数値に該当する部分にマークを記します。記録中に可能であれば、その横に実際の数値も記入します。しかし、後述する「記入欄⑤　麻酔中の生体状態の変動」で麻酔中の動物の生体情報の変動を実測値（モニター上に表示される数値）で記録するようにするので、ここのブロックは麻酔／手術終了後にグラフ化しても構いません。麻酔中に記入する場合でも、麻酔後に実測値を見ながら記入する場合でも、ここのブロックの目的は麻酔中の循環動態、呼吸状態および体温（p.79参照）の経時的変化の程度、すなわちトレンドがしっかりと目で見て理解できるようにすることであることを忘れないようにしましょう。

記入欄⑤　麻酔中の生体状態の変動

このブロックでは、麻酔中の生体に生じているさまざまな状態の変化を、麻酔モニター上に表されている数値を記録することで把握するのを目的としています。麻酔中の動物の状態を客観的に把握することが目的であり、また生じる変化を経時的に、連続して記録することで、異常状態が生じた時にすぐに気づくことができるようになります。5分ごとの記録欄を作っておりますので、少なくとも5分に一度、示された項目についてモニター上の数値を記録するようにしましょう。尿量については、15分ごとに尿量を測定し、それをmL/kg/hr（1時間あたりの体重あたりの尿量）に計算しなおして記入すると良いでしょう。そして併せてここで記入するさまざまな項目については「正常値」をしっかりと覚えておき、異常値が示された時には色を変えて記入するなどの工夫と、すぐに麻酔担当獣医師もしくは主治医へ報告できるようにしておきましょう！

記入欄⑥　麻酔中のイベント

このブロックでは麻酔中／手術中の生体へ施された処置の種類・内容や投与された薬物、変化させた麻酔薬濃度や輸液剤の速度など、行った全ての処置を時刻と共に記入するようにします。行われた処置や薬用量の変更などの項目を記入する場合には、その処置を行った理由などを担当獣医師に必ず聞いてから記入するよう心掛けると良いでしょう。例えば、「イソフルラン濃度を2.2%（呼気）に」とだけ記入するよりは「手術操作による心拍数増加が認められたためイソフルラン濃度を1.8%→2.2%（呼気）に変更」と記入するほうが、薬物投与や投与量の変更の理由がはっきりと分かり、より麻酔中の動物の状態がこの麻酔カルテから見えるようになってきます。

● 記入欄⑦　手術の概要

ここには麻酔時間や処置時間などそれぞれのイベントにかかった時間を記入します。空いたスペースに覚醒時の状況※1や、抜管時に気づいたこと※2、特に行った処置※3などを記入するとより動物の状態が分かりやすくなって良いと思います。

ここには、尿量（トータルの量○mLと時間あたりの尿量 ○mL/kg/hr）と総輸液量（△mL）も記入しておくと良いでしょう。

※1・2　覚醒時の状況、抜管時に気付いたこと
自発呼吸が回復する前に、気管内チューブを嫌がったや、抜管時に興奮して暴れたなど麻酔覚醒の時に生じた動物の状態の変化や、抜管時ヨダレがひどかった、気管内チューブに血が付いていたなど抜管の時の様子を記録するように心掛けましょう！

※3　覚醒時に特に行った処置
呼吸の回復が弱かったので再挿管した、マスクで酸素をかがせた、暴れて呼吸・循環の状態が悪かったので鎮静薬を追加投与したなど覚醒時において動物に対して行った処置を記入しましょう。

2　特別付録②　「CPRアルゴリズム」

救急救命処置の新しいガイドライン「RECOVER Guideline」

これまで動物の救急救命処置（CPR：Cardio Pulmonary Resuscitation　心肺蘇生）はヒト医療のガイドラインを参考に実施され経験が重ねられてきていました。しかし「動物特有の」さまざまな状況を考慮し、2012年6月にRECOVER Guidelineという獣医領域の新しい**ガイドライン**が発表されました。RECOVERとは**R**eassessment **C**ampaign **o**n **V**eterinary **R**esuscitationの頭文字をとったもので、これまでの多くの研究データや臨床データを**見直して**（Reassessment）統一した手技を導き出そうというものです。

このガイドラインでは、「準備と予防」「一次救命処置（BLS）」「二次救命処置（ALS）」「モニタリング」および「心肺停止後の管理」の5つの分野における幅広いトピックスを網羅しています（詳細を知りたい人はHP〈http://onlinelibrary.wiley.com/doi/10.1111/vec.2012.22.issue-s1/issuetoc〉を参照）。

本当の意味での理解のためには全文を読んでいただき、その内容をしっかりと理解する必要があるのですが、ガイドラインとして発表された意味を考えると（獣医療に携わる）「誰もがどこでも同じレベルで実施できる」ことが最大の目標になります。また「1分1秒を争う命の現場」での出来事ですので、いろいろ悩み、時間をかけてからの実施では意味がありませんし、緊張のあまり「覚えていたことが頭から抜けてしまう」ということも避けなければなりません。ですから、誰もが容易に理解することができ、確実に実施できるよう行うべき実施の構成要素と経時的進行を「アルゴリズムチャート」として要約されています。

このアルゴリズムは、救助者がCPRに順を追って敏速に着手できるよう計画されていて、早期に一次救命処置（BLS：Basic Life Support）を開始することをもっとも強調していることを覚えておいてください！BLSの中でも特に「**質の高い胸部圧迫を中断することなく早期に開始する**」ことが重要です。症例を横臥位にして**2分間**中断することなく**100～120回/minで胸郭幅の1/3～1/2の深さまで胸郭を圧迫する**とともに、**1回の胸部圧迫ごとに胸郭を完全に再拡張させる**ことによって、質の高い胸部圧迫が達成されます。さらに、動物のCPRでは早期に気管挿管して人工呼吸を実施できる可能性が高いことはとても有用です。人工呼吸は、換気回数約10回/分、一回換気量10mL/kg、および吸気時間1秒とし、胸部圧迫と同時に実施します。もし気管内挿管できない場合には30回の胸部圧迫の後に2回急速に息を吹き込む口-鼻人工呼吸を代用し、これを2分間周期で繰り返します。救助者の疲労による胸部圧迫の質の低下を防ぐため、**BLSを2分間実施するごとに救助者を交代させる**ことも忘れてはなりません。その上で、各周期ごとに胸部圧迫の中断が最小限となるようにも努めなければなりません。BLSに続くもしくは同時に行われる二次救命処置（ALS：Advance Life Support）では、モニタリングの開始、血管確保、拮抗薬の投与、血圧の維持および迷走神経抑制治療、心室細

動の治療（除細動）を実施します。特にモニタリングにおいては「何が有効性の高いモニタリングか？」をしっかりと理解し、心臓の状態（心臓の拍動）の評価のための心電図の評価（BLSの周期ごとに最小限の中断時間で評価する）と確実な胸部圧迫が実施されているかどうかのためのEtCO$_2$の評価（常にEtCO$_2$＞15mmHgを目標にする）を忘れないようにしてください。」

3 特別付録③ 「緊急薬の推奨投与量表」

CPR時に使用する代表的な薬

　CPR時に一般的に用いられる薬物とその推奨投与量が「緊急薬の推奨投与量表」です。薬用量を覚えておくのは重要なことですが、忘れてしまっても対応できるようにできている素晴らしい表です。この中ではエピネフリン、バゾプレッシンの使い方をしっかりと理解しておくことが重要です。

　さらには実際のガイドラインでは自己心拍再開後（蘇生後）のアルゴリズムも記載されておりますが今回は説明を省略させていただきました。というのも、状況は個々により大きく異なるため集中的な管理、いわゆるICU管理が必要になります。これらをしっかりと実現・実施できるようにしていくのが、日本の獣医療における「次のステップ」となりますので、そこには動物看護師である皆さんの協力が欠かせません！

　動物のCPRの実施の際にはさらに覚えておいて欲しいことが二つほどあります。一つはもうご存知だと思いますが、とにかく<u>CPRは「チーム医療の結晶」</u>であるということです。病院内での立場は関係なく、その場では皆、等しい立場になり、その中でしっかりと<u>役割分担</u>をし、<u>それぞれが、それぞれに課された責務を果たすことに全力になっていただきたい</u>と思います。成功は皆で共有しますが、失敗（と思えるようなこと）を個人の責任としてしまうことは避けなければなりません。そしてもう一つは、定期的な訓練の実施による知識と技術、チームワークの衰えを防ぐということです。ガイドラインでも<u>少なくとも6ヶ月ごとのトレーニングの実施</u>を推奨するとされています。トレーニングと合わせ、実際にあった症例の振り返りをその場、そのとき、しばらく経ってからと定期的に行うことは非常に効果的であると考えます。

　今回、世界的なガイドラインとしてこのようなものが発表されたことは獣医療に携わる私たちにとっては非常に喜ばしいことであり、今まで迷いながらあれこれと試行錯誤していたところへ差し込んだ"一筋の光"のようなものかも知れません。しかし、わが国においてはこれまでも、そして今現在もまだまだ救急救命に関するデータの蓄積やICU管理におけるデータの蓄積は十分でないのが現状であることも忘れてはならない事実です。今回、この本を手に取ってくださった皆さん、一人一人が、この付録をもとに日本の獣医救急医療へ貢献してくださること、そしてそれに役立つ一助にこの書籍および付録がなっていただくことを切に願っております。

ここでのポイント

- 「麻酔カルテ」は、単なる数値の記録にとどまらない「命の記録」である！
- カルテを記入するにあたっては、あとでより詳しく状況を振り返るため、手術・麻酔に関連していること以外でも、気づいたことを書き留めておくようにする。
- あらかじめ投与薬の効果などをスコア化しておくと、記入も簡易になり、動物の変化などがより分かりやすくなる。
- 心肺蘇生（CPR）は新しいガイドラインが報告され、統一した手技の習得がポイントとなっている！
- CPRで使う薬の推奨量についても表を見て理解できるようにしておきましょう。

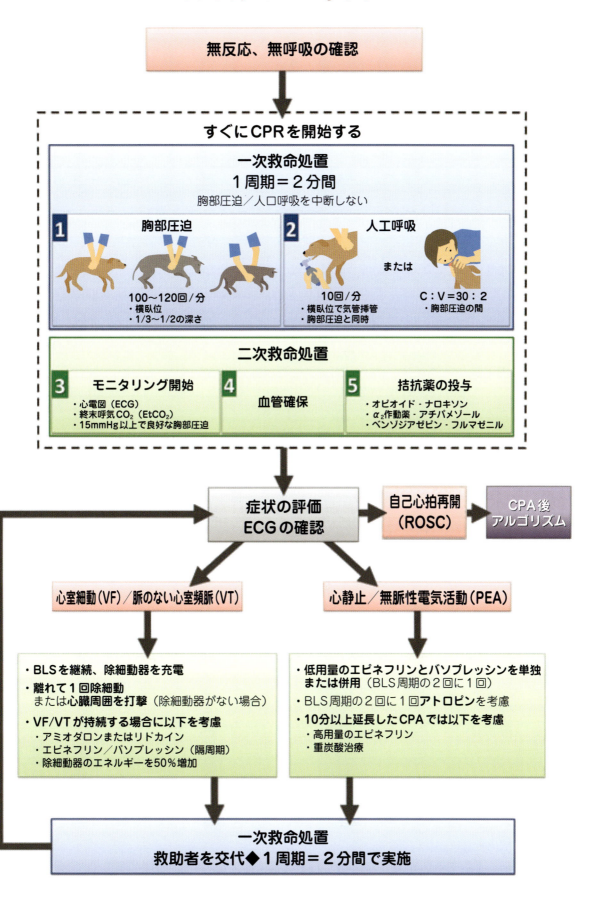

Veterinary Emergency and Critical Care Societyが公表しているものをもとに筆者により翻訳。
イラストは元図を参考に編集部にて作成

緊急薬とその推奨投与量表

薬物	投与量	体重 (kg) 2.5	5	10	15	20	25	30	35	40	45	50
		mL	mL	mL	mL	mL	mL	mL	mL	mL	mL	mL
心停止												
低用量エピネフリン（1mg/mL）BLS 2周期に1回 × 3	0.01mg/kg	0.03	0.05	0.1	0.15	0.2	0.25	0.3	0.35	0.4	0.45	0.5
高用量エピネフリン（1mg/mL）	0.1mg/kg	0.25	0.5	1.0	1.5	2.0	2.5	3.0	3.5	4.0	4.5	5.0
バソプレッシン（20U/mL）	0.8U/kg	0.1	0.2	0.4	0.6	0.8	1.0	1.2	1.4	1.6	1.8	2.0
アトロピン（0.5mg/mL）	0.04mg/kg	0.2	0.4	0.8	1.2	1.6	2.0	2.4	2.8	3.2	3.6	4.0
不整脈												
アミオダロン（50mg/mL）	5mg/kg	0.25	0.5	1.0	1.5	2.0	2.5	3.0	3.5	4.0	4.5	5.0
リドカイン（20mg/mL）	2mg/kg	0.25	0.5	1.0	1.5	2.0	2.5	3.0	3.5	4.0	4.5	5.0
拮抗薬												
ナロキソン（0.2mg/mL）	0.04mg/kg	0.5	1.0	2.0	3.0	4.0	5.0	6.0	7.0	8.0	9.0	10
フルマゼニル（0.1mg/mL）	0.01mg/kg	0.25	0.5	1.0	1.5	2.0	2.5	3.0	3.5	4.0	4.5	5.0
アチパメゾール（5mg/mL）	100μg/kg	0.05	0.1	0.2	0.3	0.4	0.5	0.6	0.7	0.8	0.9	1.0
除細動												
胸腔外除細動（J）Ⅰ相性	4〜6J/kg	10	20	40	60	80	100	120	140	160	180	200
胸腔内除細動（J）Ⅰ相性	0.5〜1J/kg	2	3	5	8	10	15	15	20	20	20	25

Veterinary Emergency and Critical Care Society が公表しているものをもとに筆者により翻訳

さくいん

あ

悪性高熱 … 79
亜酸化窒素 … 27,29,31
アシドーシス … 126,130,131
アスパラギン酸アミノトランスフェラーゼ … 35
アセプロマジン … 38,39,122,132,137,141,148
アトロピン … 38,39,40,49,73,111,122,127,132,133,137,138,139,141,148,154,159,160
アラニンアミノトランスフェラーゼ … 35
アルカリフォスファターゼ … 35
アルファキサロン … 42,49,111,122,132,141,148
アルブミン … 35,124
アンギオテンシン変換酵素阻害薬 … 123
アンモニア … 126

い

意識レベル … 88
イソフルラン … 9,10,43,61,99,122,127,132,137,141,148,155
痛み … 8,9,12,13,14,15,16,38,49,78,80,94,95,96,97,98,99,100,101,102,103,104,105,132,133,138,139
一回拍出量 … 69
犬の急性痛ペインスケール … 103,104
命を守る3要素 … 14,15
イビキ … 109,117

う

うつぶせ … 112
運動不耐性 … 33,109,115,119,123

え

エーテル … 9,10,11
エーテル・ドーム … 9
嚥下反射 … 86,88
塩素 … 36

お

温風式加温装置 … 81

か

外鼻孔狭窄 … 108,109
加温マット … 81
覚醒 … 16,19,20,21,22,23,40,41,42,48,49,58,79,80,86,87,88,89,90,91,92,93,94,95,96,97,102,109,111,112,113,116,117,122,123,138,142,147,148,156
覚醒状態 … 12,42,88,91
覚醒遅延 … 79
拡張型心筋症 … 118
ガスサンプリング方式 … 62
カテコールアミン … 13,14,94,98
カフ … 44,45,70,71,72,89,141,143
カプノグラム … 61,62,63,64,65,66,75,88,127,133
カプノメーター … 55,62,63,65,88,122
カプノメトリー … 116
カリウム … 36,127,132,133
カルプロフェン … 95,100,101,103
換気 … 14,15,30,43,45,52,55,62,65,67,70,88,110,111,112,115,116,117,119,122,123,127,135,138,139,146

換気機能 … 140
換気状態 … 58,62,88,94,115,117,140
換気量 … 30,47,55,57,60,61,88,98,138,156
肝血流量 … 128,129
眼瞼反射 … 58,59,83,111
肝酵素活性 … 127,128
看護動物管理 … 91,94,146
肝臓機能 … 124,126,128,140,146
肝臓機能系 … 140
肝臓代謝率 … 127
肝臓の代謝機能 … 116,141
肝リピドーシス … 115

き

期外収縮 … 73
気化器 … 17,26,27,28,29,30,61,96,154,155
気管チューブ … 44,45,52,54,58,63,64,87,89,110,111,112,138,141,142,143,155
気管低形成 … 109
気管内挿管 … 42,43,44,46,48,49,50,51,52,54,88,110,112,113,116,122,137,138,141,142,154,155,156
キシラジン … 39,122,148
基礎代謝量 … 147
気道 … 52,56,57,62,63,64,67,75,89,90,92,94,95,96,109,112,147,148
気道内圧計 … 27,28,65,66
気道の確保 … 14,15,16,62
機能的残気量 … 46,146,148
機能不全の状態 … 13
揮発性麻酔薬 … 29,30,43,99,155
嗅覚 … 57,58
吸気 … 27,30,66
吸気弁 … 27,28,29,64
救急救命 … 152,156,157
急速導入法 … 42,43,111,141
吸入麻酔 … 8,10,16,22,43,79,137
吸入麻酔薬 … 20,21,27,29,42,43,122,141
局所麻酔 … 15,16,17,19,41
局所麻酔薬 … 16,94,101,103,148
虚脱 … 34,109
筋弛緩 … 14,15,39,55,56,57,62

く

空気 … 27,29,30,31,44,45,46,50,51,58,62,68,81,93,109,112,115,117,143
グリコピロレート … 38,39,74,111
グリセオール … 94,137
クレアチニン … 35,131
クロロホルム … 9,10,11

け

ケタミン … 9,10,49,101,102,132,137,138,155
血圧 … 13,55,56,57,61,70,71,72,73,75,76,77,78,79,82,83,98,122,123,127,128,133,134,135,136,137,138,139,146,148,155,156
血圧低下 … 13,48,49,73,74,75,82,132,133,137,146,148,155
血液ガス … 61,68,127,133
血液循環 … 35,68,75,119,123,140
血液尿素窒素 … 35,131
血液脳関門 … 20,21,130,140,141

血球容積·· 35,132
血漿タンパク濃度·· 35
血小板数·· 35,36
血糖調節能·· 124

━━━ こ ━━━

高カリウム血症······································ 130,132
交感神経系·· 13,79
甲状腺機能低下症······································ 115
高窒素血症··· 130
喉頭鏡······································ 44,45,51,141,142
高齢動物······················ 33,34,144,146,147,148,149
誤嚥····································· 88,89,94,95,148
呼気························· 27,29,30,62,64,74,155
呼気弁·································· 27,28,29,64
呼吸······· 13,16,46,48,56,57,58,62,68,71,74,89,92,94,95,96,
98,104,109,111,112,114,115,117,135,137,138,140,142,
144,146,156
呼吸器系·· 34,140,146
呼吸障害······································ 109,110,111,113
呼吸数············· 34,46,61,62,63,75,83,86,88,138,140,146
呼吸抑制作用······································ 109,137
呼吸停止·· 43,46,52,92
呼吸バッグ······················ 27,28,29,30,52,55,65,138
昏睡··· 34,117
コンプライアンス····················· 57,115,139,146

━━━ さ ━━━

サイアミラール·· 48,49
再呼吸式回路·· 29,30
再挿管···································· 88,112,138,156
細動··· 73
サイドストリーム方式································ 62,64
サイトハウンド····································· 48,49,87
先取り鎮痛·· 101
三尖弁閉鎖不全·· 66,118
酸素········ 13,14,20,27,29,30,35,46,47,52,63,65,66,68,70,74,
77,79,80,92,93,94,95,96,109,110,111,112,115,119,121,
123,135,137,139,146,156
酸素化········ 46,47,48,55,63,65,68,75,109,110,111,112,116,
121,123,127,132,137,138,139,148
酸素飽和度····································· 65,66,67,95

━━━ し ━━━

ジアゼパム·························· 38,39,122,127,132,141
視覚··· 57,58
糸球体ろ過率·· 147
自己調節··· 133
視診··· 89
自発呼吸··········· 62,64,88,91,92,111,135,137,138,142,156
シバリング·· 80,95
若齢······························ 73,139,140,141,142,143,144,148
収縮期································· 61,71,72,73,75,76,155
周術期管理·· 40,41
周術期疼痛管理····························· 99,100,101,103,105
終末呼気二酸化炭素分圧······················· 60,61,136,137,138
重要臓器································· 13,20,73,76,77,134
手術侵襲··· 94
術後管理·· 91,133

循環····· 13,14,15,16,55,56,62,65,68,69,70,72,74,75,76,77,
78,79,82,83,94,98,109,115,117,119,123,128,140,142,146,
147,148,156
循環機能······································ 140,146,147
循環血液量··················· 35,36,57,66,77,82,115,137,146
循環動態·· 77,155
循環障害······································ 13,109,111,113
循環不全·· 13,115
循環補助薬······························· 41,111,122,133,155
純酸素··· 48,68,92
笑気··· 29
静脈穿刺··· 114
触覚·· 57,58
ショック·································· 12,13,34,119
徐脈········· 38,58,65,73,74,75,119,130,132,140,144,146,
148,154
侵害刺激··· 13,15,99
侵害受容器興奮·· 99
心血管系·· 34,140
腎血流··· 132,133
腎血流量··· 79,132,133,147
人工呼吸器·································· 27,28,29,64
心雑音··· 36,58
心室中隔欠損症·· 118
侵襲······································ 13,17,26,95,104
腎臓機能系·· 140
心電図······· 17,18,34,54,57,60,69,70,75,76,122,127,132,
133,157
心電図モニター·· 73
心拍出量······························ 69,74,82,115,140,146
心拍数········ 13,34,40,46,48,56,60,64,69,73,74,75,76,86,88,
104,115,119,122,123,137,138,139,140,141,142,144,146,
148,154,155
心不全······························ 36,66,94,115,117,119,120,122
心房細動··· 79

━━━ す ━━━

膵炎·· 115
スタイレット······································· 44,45,141
ストレス······· 13,15,40,41,78,79,110,124,126,132,140,147

━━━ せ ━━━

生命徴候·· 13
生理学的年齢·· 147
生理食塩液································ 101,102,132,133,143
赤血球数·· 35
セボフルラン·············· 10,43,61,122,127,132,137,141,148,155
全身麻酔········· 9,15,16,17,19,33,40,41,42,43,54,55,56,57,62,
79,93,102,108
全身麻酔薬································· 15,16,19,20,94
喘鳴·· 109

━━━ そ ━━━

挿管········ 42,43,44,45,46,48,49,50,51,52,54,64,73,87,88,
110,111,112,113,116,122,137,138,141,142,154,155,156
臓器不全·· 13
総コレステロール······································ 35
総胆汁酸··· 35,126
総タンパク質·· 35
僧帽弁閉鎖不全·· 118

ソーダライム …………………………………………… 27,29
粗動 ……………………………………………………… 73

た

体温 ……… 13,30,55,58,60,61,79,80,83,90,95,117,140,142,
　143,146,147,155
体温管理 ………………………………………………… 148
体温調節中枢 ………………………………………… 79,146
体温低下 ………………………………… 79,80,81,83,95,143,147
体温モニター …………………………………………… 79
代謝 ……… 13,19,21,22,23,48,49,79,87,98,111,116,123,124,
　127,128,130,133,140,141,146,147,148
多臓器不全 …………………………………………… 13,36
脱水の評価 …………………………………………… 34,114,117
胆汁の代謝異常 ………………………………………… 124
短頭種 ……………… 108,109,111,112,113,115,116,117,130
短頭種症候群 …………………………………………… 109
タンパク代謝能 ……………………………………… 124,130
弾力性 ………………………………………………… 34,115

ち

チアノーゼ …………………………… 34,58,109,110,119,123
チオペンタール ………………………………… 9,10,42,48,49,87
蓄積 …………………………… 23,30,55,113,114,116,133,157
チトクロームP-450 …………………………………… 21,48
血の色 …………………………………………………… 58
チャンバー ……………………………………………… 141
注射麻酔薬 …………………………………… 21,49,111,137
中枢神経 …………………………… 15,16,19,38,48,49,91,130,136
聴覚 …………………………………………………… 57,58
聴診 ……………………………………………… 34,89,90,114
朝鮮アサガオ …………………………………………… 9
鎮静 ……… 9,10,14,15,16,38,43,47,56,57,62,78,109,110,154
鎮静作用 ……………………………………………… 19,104
鎮静薬 …… 14,38,39,40,41,95,96,101,109,110,116,121,122,
　137,148,154,156
鎮痛 …………………… 14,15,16,56,57,62,78,95,96,97,98,101,102,105
鎮痛薬 ………… 14,38,39,40,41,49,56,87,95,96,99,100,101,102,
　103,104,109,122,123,127,132,133,138,139,148,154,155

つ

椎間板ヘルニア ………………………………………… 115
通仙散 ………………………………………………… 9,11
ツボ …………………………………………………… 91,92

て

低換気状態 ……………………………………………… 117
低血圧 ………………………………………… 72,73,94,127,146,148
低酸素 ………… 13,34,58,65,73,87,94,110,130,132,135,137,
　140,146
てんかん（様）発作 …………………………………… 134

と

頭蓋内圧 ……………………… 49,94,134,135,136,137,138,139
疼痛管理 ……… 39,41,43,94,95,97,99,103,123,127,132,138,147
疼痛管理ガイドライン ………………………………… 103
導入 …… 21,40,43,47,50,52,86,111,121,127,132,137,141,155
糖尿病 ………………………………………………… 115
動物のいたみ研究会 ……………………………… 103,104
動脈管開存症 …………………………………………… 118

動脈血中二酸化炭素分圧 ……………………………… 136
ドーパミン …… 13,73,74,78,79,94,111,133,137,138,139,155
ドブタミン ……………………… 74,94,111,133,137,138,139,155
トランキライザー …………………………… 38,39,40,41,101
トリカブト ……………………………………………… 9
ドロペリドール ………………………………………… 38

な

ナトリウム ………………………………………… 35,147
軟口蓋過長 ………………………………………… 109,155

に

二酸化炭素吸着剤 ……………………………………… 27
二酸化炭素吸着装置 ………………………… 27,28,29,142
二酸化炭素濃度 ………………………………… 62,136,137,138
乳酸加リンゲル液 ……………………………………… 143
尿比重 ………………………………………………… 36,131
尿量 …………………… 77,78,83,98,127,131,133,155,156
尿量測定 ………………………………………………… 77

ね

粘膜 …………………………………………………… 34,55,58
粘膜の色 ………………………… 34,35,46,57,58,70,75,89,95

の

脳灌流圧 …………………………………………… 134,135,136
脳還流量 ………………………………………………… 146
脳血流量 …………………………………………… 134,135,136
脳保護作用 ……………………………………………… 48,49

は

パーカッション法 ……………………………………… 148
肺水腫 …………………………… 94,95,118,119,121,122,123,147
排泄 …… 14,19,21,22,23,27,49,62,63,74,75,79,116,123,124,
　130,132,133,140,141,144,147,148
バイタルサイン ………………………………………… 13,90
バイトブロック ………………………………………… 45,87,89
バイブレーション法 …………………………………… 148
抜管 ………… 88,89,90,91,92,93,94,95,112,113,116,123,138,
　142,156
白血球数 ………………………………………………… 35
華岡青州 ………………………………………………… 9
バランス麻酔 …………………………………………… 14
パルスオキシメーター …… 55,65,66,67,70,75,88,122,127,133
パルスオキシメトリー ………………………………… 116
バルビツレート ………………………………………… 48,87
ハロタン …………………………………… 10,11,61,122,127,141

ひ

非観血的血圧測定 ………………………………… 60,61,71,122
非観血的血圧測定法 …………………………………… 70
非再呼吸式回路 ……………………………………… 29,30,141,142
非ステロイド性抗炎症薬 ……………………………… 123
肥大型心筋症 …………………………………………… 118
ピックウィック症候群 ………………………………… 117
肥満 ……………………… 34,48,113,114,115,116,117,130
肥満低換気症候群 ……………………………………… 117
肥満動物 …………………………………………… 113,116,117
肥満の基準 ……………………………………………… 113
頻脈 ……………………… 73,75,98,119,140,144,146,148

ふ

項目	ページ
フィラリア	118
フェノバルビタール	48,126
フェンタニル	38,39,101,102,127,155
伏臥位	111
副交感神経遮断薬	38,39,41,122
附子	9
不整脈	48,58,60,65,69,71,73,74,75,79,94,109,119,130,146,148
ブトルファノール	38,39,95,101,122,127,132,141,154
ブプレノルフィン	38,39,95,101,102,122
ブリッジ	115
ふるえ	80,86,95
ブレード	45,141
ブロック	73
プロポフォール	10,42,49,111,122,127,132,137,141,148,154
分布	21,22,23

へ

項目	ページ
平均寿命	144
ヘマトクリット値	35
ヘモグロビン濃度	35
変性性関節症	115
変形性脊椎症	115
ベンゾジアゼピン	96,141,148,159

ほ

項目	ページ
保温（加温）	81,117,142,143,148
ボディコンディションスコア	34
ホメオスタシス	12

ま

項目	ページ
マイラン	11,49
麻酔維持	19,40,42,43,44,54,57,64,76,79,81,86,111,116,127,128,129,133,138,141,148,155
麻酔覚醒	86,88,90,91,94,96,99,102,112,138,142
麻酔管理	26,30,40,55,56,68,124,130,132,136,147,148
麻酔器	26,27,28,30,68
麻酔計画	17
麻酔終了	42,86,91,116
麻酔深度	42,46,48,54,56,58,73,74,95,138,141
麻酔前投与薬	37,38,40,48,101,109,116,122,127,148,154
麻酔導入	40,42,46,48,54,86,89,92,110,111,121,122,132,137,141,142,148,154
麻酔導入薬	10,40,44,48,122,137,148,154
麻酔の3要素	14,15
麻酔の流れ	26,42,54,86
麻酔ボックス	141
麻酔モニター	56,58,60,62,74,88,134,152,155
麻酔薬	9,10,11,15,16,19,21,26,27,30,42,86,94,99,103,109,111,116,122,124,132,155
マスク	43,47,52,110,122,127,132,141,155
末梢神経	16
末梢動脈血酸素飽和度	60,65,116,122
マンダラゲ	9
マンニトール	133,137

み

項目	ページ
ミダゾラム	38,39,96,122,127,132,141,154

脈

項目	ページ
脈圧	34,58,73,78
脈拍	46,55,57,58,60,65,66,71,74,90

む

項目	ページ
無気力	117
無呼吸	46,52,92,117,148,155,159
無痛分娩	9
無拍動	73

め

項目	ページ
迷走神経	38,73,109,111,156
迷走神経遮断薬	111
メデトミジン	38,39,101,122,141,148
メロキシカム	95,100,101,103

も

項目	ページ
毛細血管再充満（充填）時間	35,55,70,75,89
モニター指針	55,56
モニタリング	19
モニタリング指針	55,83,89
モルヒネ	38,39,95,101,102,122,127,132

や

項目	ページ
薬物代謝能（力）	124,146
薬物排泄機能	140
薬理活性	21,124,127,130
薬理作用	9,21,23,38,124,146

ゆ

項目	ページ
有害反射	14,56,62
輸液	74,77,78,80,81,121,122,126,131,132,133,137,138,143,146,155

よ

項目	ページ
予備能（力）	94,146

り

項目	ページ
利尿薬	121,133
リハビリテーション	148

れ

項目	ページ
レスピレーター	28

A

項目	ページ
ACE阻害薬	123
Alb	35,126
ALP	35,36,126
ALT	35,36,126
ASA分類	26,36,37,100,119,121,137,146
AST	35,126

B

項目	ページ
BBB	20,130,140
BCS	34
BIS	56
BUN	35,36,126,131

C

項目	ページ
CBC	35,36
CBF	134,135

Cl	36
CPP	135
Cre	35,36,131
CRT	34,46,55,70,89

D
DJD	115
DVポジション	112

E
EtCO$_2$	58,60,61,62,64,65,74,83,122,127,137,155,159

G
GABA受容体	15,16,19,48,49
GGT	126
Glu	126
GOT	35
GPT	35

H
Hb	35,67
Ht	35,131,154

K
K	36

N
Na	35
NSAIDs	95,101,103,123,132

P
PaCO$_2$	136,139
PCV	35,36,132
PDA	118
PLT	35,36

R
RBC	35
RECOVER Guideline	52,74,156

S
SpO$_2$	60,65,66,67,70,72,76,82,95,116,122,127,155

T
TBA	35,126
T-Bil	126
TCHO	35
TP	35,36,131,132

U
USG	36

V
VSD	118

W
WBC	35

参考文献一覧

吉村望　監修「標準麻酔科学 －第4版－」医学書院
麻生芳郎　訳「一目でわかる薬理学　薬物療法の基礎知識」メディカル・サイエンス・インターナショナル
浦川紀元、大賀晧、唐木英明、大橋秀法、中里幸和、伊藤勝昭、伊藤茂男、尾崎博　編「新　獣医薬理学」近代出版
倉林譲　監修「ラボラトリーアニマルの麻酔 －げっ歯類・犬・猫・大動物－ 」学窓社
讃岐美智義、内田整　編集「周術期モニタリング徹底ガイド」羊土社
William W. Muir III「Handbook of Veterinary Anesthesia －Third Edition－」Mosby
William J. Tranquilli, John C. Thurmon, Kurt A. Grimm「Lumb & Jones' Veterinary Anesthesia and Analgesia Fourth Edition」Blackwell
Deborah C. Silversfein, Kate Hopper「Small Animal CRITICAL CARE MEDICINE」-Third Edition- ELSEVIER

著者プロフィール

佐野 忠士（さの ただし）

獣医学博士。日本獣医畜産大学（現 日本獣医生命科学大学）卒業後、東京大学大学院農学生命科学研究科博士課程にて学位取得。北里大学獣医放射線学研究室助手、北里大学小動物第三外科学研究室助教、日本大学生物資源科学部獣医学科総合臨床獣医学研究室助教、酪農学園大学獣医学群 准教授を経て帯広畜産大学 獣医学研究部門/附属動物医療センター 麻酔科 准教授。

動物看護師のための
麻酔超入門　はじめの一歩　改訂版

2015年2月20日	第1版第1刷発行
2017年5月15日	第1版第2刷発行
2019年2月26日	第1版第3刷発行
2020年9月30日	第1版第4刷発行
2022年1月31日	第1版第5刷発行
2022年10月19日	第1版第6刷発行
2024年3月25日	第1版第7刷発行

著　　者　佐野忠士
発 行 者　太田宗雪
発 行 所　株式会社 EDUWARD Press
　　　　　〒194-0022　東京都町田市森野1-24-13　ギャランフォトビル3F
　　　　　Tel. 042-707-6138（代表）／Fax. 042-707-6139
　　　　　販売推進課（受注専用）TEL：0120-80-1906／FAX：0120-80-1872
　　　　　E-mail：info@eduward.jp
　　　　　Web Site：https://eduward.jp/（コーポレートサイト）
　　　　　　　　　　https://eduward.online/（オンラインショップ）

印刷・製本・組版／瞬報社写真印刷株式会社
表紙デザイン／秋山智子
本文デザイン／有限会社アーム
表紙・本文イラスト／ヨギトモコ

Copyright © 2015 SANO Tadashi. All Rights Reserved. Printed in Japan
ISBN 978-4-89995-862-8　C3047

落丁・乱丁本は、送料弊社負担にてお取り替えいたします。
本書の内容に変更・訂正などがあった場合には、上記のコーポレートサイト「SUPPORT」に掲載しております正誤表でお知らせいたします。
本書の内容の一部または全部を無断で複写・転載することを禁じます。

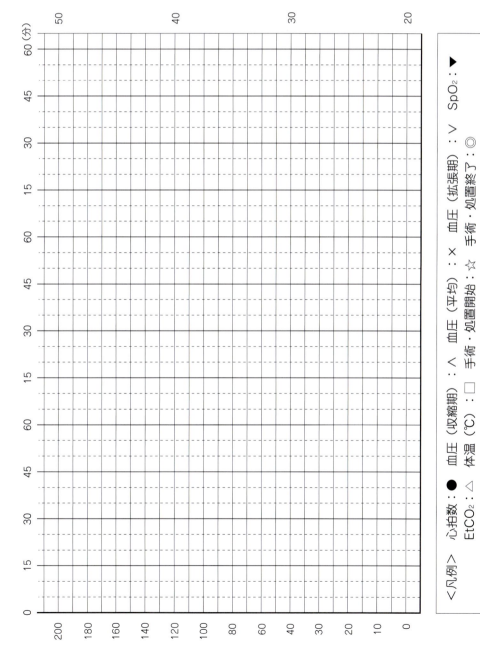